ZEITSCHRIFT FÜR ANGEWANDTE GEOLOGIE

HERAUSGEGEBEN VON

DER STAATLICHEN GEOLOGISCHEN KOMMISSION

UND DER ZENTRALEN VORRATSKOMMISSION

DER DEUTSCHEN DEMOKRATISCHEN REPUBLIK

AUS DEM INHALT

AKADEMIE-VERLAG · BERLIN

BAND 7 / HEFT 7
JULI 1961
SEITE 329–384

Die ZEITSCHRIFT FÜR ANGEWANDTE GEOLOGIE berichtet ständig ausführlich über folgende Arbeitsgebiete: Geologische Grundlagenforschung und Lagerstättenforschung / Methodik der geologischen Erkundung / Ökonomie und Planung der geologischen Erkundung / Technik der geologischen Erkundung / Geologie und Lagerstättenkunde im Ausland / Bibliographie, Verordnungen, Richtlinien, Konferenzen, Personalnachrichten

Die ZEITSCHRIFT FÜR ANGEWANDTE GEOLOGIE ist kein Organ einer engen Fachgruppe. Auf ihren Seiten können alle strittigen Fragen der praktischen Geologie behandelt werden. Die Autoren übernehmen für ihre Aufsätze die übliche Verantwortung.

ZEITSCHRIFT FÜR ANGEWANDTE GEOLOGIE

CHEFREDAKTEUR: PROF. DR. E. LANGE

BAND 7 · JULI 1961 · HEFT 7

Zum Tag des deutschen Bergmanns 1961

Am 2. Juli 1961 feiern Tausende Arbeiter und Angestellte, Ingenieure und Wissenschaftler der Montanindustrie der Deutschen Demokratischen Republik den Tag des deutschen Bergmanns. Partei und Regierung der DDR würdigen aus diesem Anlaß alljährlich die hervorragenden Leistungen der Werktätigen, die bei der Gewinnung und Aufbereitung der Bodenschätze für unsere sozialistische Volkswirtschaft erzielt worden sind.

Mit den Kumpeln in den Schächten und Hütten feiern auch die Angehörigen der Staatlichen Geologischen Kommission diesen Ehrentag, weil sie mit ihnen durch ihre Arbeit und das gemeinsame Ziel, den Sozialismus in unserer Republik zum Siege zu führen, eng verbunden sind. Die Arbeiter und Angestellten, Ingenieure und Wissenschaftler der Staatlichen Geologischen Kommission schaffen durch ihre Leistungen in der geologischen Forschung und Erkundung wichtige Voraussetzungen für die Sicherung der mineralischen Rohstoffbasis unserer Republik und haben deshalb an den großen Erfolgen der Werktätigen des Berg- und Hüttenwesens einen wesentlichen Anteil.

Der Tag des deutschen Bergmanns erhält in diesem Jahr für die Mitarbeiter der Staatlichen Geologischen Kommission dadurch eine besondere Bedeutung, daß sie gleichzeitig auf ein zehnjähriges Bestehen der Staatlichen Geologischen Kommission zurückblicken können. Voller Stolz schauen die Werktätigen dieses jungen Industriezweiges auf das von ihnen unter Führung der Partei der Arbeiterklasse in kurzer Zeit geschaffene Werk.

Die Gründung der Staatlichen Geologischen Kommission ergab sich gesetzmäßig aus den objektiven ökonomischen Erfordernissen, die mit der planmäßigen proportionalen Entwicklung der Volkswirtschaft der Deutschen Demokratischen Republik bei der Schaffung der Grundlagen des Sozialismus verbunden waren.

Die durch die Westmächte und die westdeutschen Separatisten im Gegensatz zu den Interessen der deutschen Nation vollzogene Spaltung der staatlichen und wirtschaftlichen Einheit Deutschlands hatte die als Ergebnis der kapitalistischen Entwicklung Deutschlands entstandenen Disproportionen weiter vertieft und unsere junge Republik einer weitaus ungünstigeren wirtschaftlichen Ausgangsposition ausgesetzt als den westdeutschen Separatstaat.

Diese Disproportionen galt es durch eine vorrangige Entwicklung der Schwerindustrie zu mildern, und hierzu mußte eine forcierte geologische Forschung und Erkundung die mineralische Rohstoffbasis für die bestehenden Bergbaubetriebe sichern und darüber hinaus neue Lagerstätten für die vielseitigen Bedürfnisse der stürmischen sozialistischen Industrialisierung nachweisen.

Diese wichtigen Aufgaben wurden von Partei und Regierung der Staatlichen Geologischen Kommission übertragen, die sie mit einer bei weitem unzureichenden Anzahl geologischer Fachkader und veralteter technischer Einrichtungen in Angriff nahm und durch den konzentrierten Einsatz der Kräfte eine Vorratsbasis für die ständig steigende Produktion der bestehenden Bergbaubetriebe schuf.

Der schnellen Erkundung neuer bisher unbekannter Lagerstätten stellten sich jedoch scheinbar unüberwindbare Schwierigkeiten entgegen, weil das Erbe kapitalistischer und faschistischer Vergangenheit auch auf der Geologie schwer lastete. Jahrzehntelang stand die von den geologischen Landesanstalten und dem „Reichsamt für Bodenforschung" betriebene geologische Arbeit im Dienste des aggressiven deutschen Imperialismus und Faschismus. Geologische Forschung und Erkundung wurden nur insoweit betrieben, als sie den Profitinteressen der Monopole, der Kriegsvorbereitung und Kriegführung der herrschenden Klasse in Deutschland direkt oder indirekt dienlich war. Die immer stärkere Orientierung dieser Kreise auf die Ausbeutung der Bodenschätze jener Länder, die von den Imperialisten und Faschisten versklavt wurden, führte zum Niedergang der geologischen Forschung in Deutschland selbst und zum Entstehen tiefer Disproportionen zwischen der geologischen Erkundung des eigenen Landes und dem steigenden Bedarf an einheimischen mineralischen Rohstoffen, wie sie der dieses schwere Erbe antretende junge Friedensstaat zur Erfüllung seiner historischen Mission dringend benötigte.

Doch mit der planmäßigen Heranbildung junger Geologen, Geophysiker, Mineralogen usw. an den Hochschulen der DDR und mit der Erweiterung und Modernisierung der technischen Einrichtungen für die geologische Forschung und Erkundung wurden auch allmählich günstigere Relationen zwischen geologisch-geophysikalischer Grundlagenforschung und den einzelnen Stadien der Erkundung erreicht.

Von Jahr zu Jahr konnte die Staatliche Geologische Kommission der Volkswirtschaft der DDR in steigendem Maße neue Vorräte an nutzbaren Bodenschätzen übergeben.

Voller Haß verfolgten die Imperialisten und Militaristen, die Junker und Nazis in Westdeutschland den gewaltigen wirtschaftlichen Aufstieg der DDR. Sie versuchten mit allen Mitteln, die Arbeit der Staatlichen Geologischen Kommission zu stören, das Tempo der geologischen Forschung und Erkundung zu bremsen, indem sie durch ihre Agenten in den Besitz der erzielten Ergebnisse zu gelangen versuchten, Sabotageakte auf wichtige Bohrungen verübten, Theorien über angeblich fehlende Perspektiven der geologischen Forschung und Erkundung in der DDR verbreiteten und den mit der Vervollkommnung der zentralen Planung und Leitung der geologischen Arbeiten zusammenhängenden organisatorischen Aufbau der Staatlichen Geologischen Kommission störten.

Dank der Wachsamkeit und der Verbundenheit der Werktätigen der Staatlichen Geologischen Kommission mit ihrem Arbeiter-und-Bauern-Staat und seiner führenden Partei, der Sozialistischen Einheitspartei Deutschlands, wurden alle diese Versuche des Klassengegners entlarvt und zum Scheitern verurteilt.

Innerlich gefestigt und stabil ist die Staatliche Geologische Kommission aus diesem Prozeß der Auseinandersetzung mit den Kräften der Reaktion und des Ringens um maximale geologische Ergebnisse hervorgegangen und hat in der Periode der Schaffung der Grundlage des Sozialismus in der DDR wichtige Voraussetzungen für den vollen Sieg des Sozialismus in der DDR geschaffen.

Besonders in den beiden zurückliegenden Jahren haben die Anstrengungen der Werktätigen der Staatlichen Geologischen Kommission bei der Verwirklichung der Aufgaben des Siebenjahrplans zu sichtbaren großen Erfolgen geführt.

Regionalgeologische und geophysikalische Forschungen führten zu neuen Erkenntnissen der geologischen Verhältnisse bisher geologisch wenig untersuchter Gebiete der DDR und schufen die Voraussetzung für die Erarbeitung neuer Erkundungskonzeptionen.

Erstmalig wurden in der DDR bedeutsame Erdgaslagerstätten erkundet und der Nachweis geführt, daß im Norden der Republik wirtschaftlich nutzbare Erdöllagerstätten vorhanden sind. Dadurch ist die reale Möglichkeit gegeben, in den kommenden Jahren unserer Volkswirtschaft in spürbarem Umfang hochwertige Energieträger und petrolchemische Grundstoffe zur Verfügung zu stellen. Die regionalgeologische Erkundung neuer Braunkohlenlagerstätten wurde im wesentlichen abgeschlossen und die Vorratsbasis für einen der bedeutendsten Industriezweige unserer Volkswirtschaft gesichert. Bedeutende Erfolge wurden auch bei der Erkundung auf andere wichtige mineralische Rohstoffe erzielt, z. B. Kalisalze, Eisenerze, Kupfererze, Blei-Zink-Erze, Fluß- und Schwerspate sowie auf dem vielseitigen Sektor der Steine und Erden. Daneben haben sich die ingenieur- und hydrogeologischen Arbeiten der Staatlichen Geologischen Kommission für die verschiedensten Zweige der Volkswirtschaft in einem solchen Umfang entwickelt, daß sie zu einem festen und notwendigen Bestandteil fast aller großen Bauprojekte geworden sind.

Die erzielten Erfolge basieren auf einer immer stärkeren Anwendung des wissenschaftlich-technischen Fortschritts in der geologischen Praxis, insbesondere auf den großen Erfahrungen der Sowjetunion und der anderen sozialistischen Länder, mit denen die Staatliche Geologische Kommission im Rahmen des Rates für Gegenseitige Wirtschaftshilfe eng und freundschaftlich zusammenarbeitet. Sie sind jedoch auch ein Ergebnis der uneigennützigen Hilfe und Unterstützung sowjetischer Spezialisten, die ihre hervorragenden Erfahrungen den Arbeitern und Wissenschaftlern der Staatlichen Geologischen Kommission bei der Lösung der großen Aufgaben zur Verfügung stellen.

Dank dieser uneigennützigen Hilfe und Unterstützung der in der DDR anwesenden sowjetischen Spezialisten erzielten auch die Tiefbohrbrigaden des VEB Erdöl- und Erdgas-Kombinates vorbildliche Leistungen bei der Einführung des Turbinenbohrens. Dadurch wurde im Vergleich zu den herkömmlichen Bohrverfahren eine Leistungssteigerung von 233% erreicht.

Zu den besten Kollektiven gehört die Brigade Schiel, die im Jahre 1960 eine Bohrmeterleistung von 7342 m erreichte und außerdem Material im Werte von 15000 DM einsparte. Große Fortschritte erzielten in der geologischen Erkundung auch die sozialistischen Arbeits- und Forschungsgemeinschaften, die z. B. einen neuen Spezialtiefbohrzement aus einheimischen Rohstoffen für die Zementierung von Tiefbohrungen entwickelten, durch die Einführung von Plasten für wichtige Verschleißteile von Bohrturbinen eine Erhöhung der Standzeiten, eine Senkung der Herstellungskosten und die Einsparung von Stahlimporten erreichten und durch sekundäre Behandlungsverfahren der Sonden die Förderleistung bei Erdgas erhöhten.

Allen unseren Werktätigen, insbesondere den Aktivisten und Neuerern, Arbeiterforschern und Wissenschaftlern und unseren sowjetischen Spezialisten gilt zum Tag des deutschen Bergmanns 1961 der Dank der Leitung der Staatlichen Geologischen Kommission für ihre erfolgreiche Arbeit.

Voller Stolz auf die beim Aufbau des Sozialismus erzielten Errungenschaften gehen die Werktätigen der Staatlichen Geologischen Kommission, gestützt auf die Kraft der sozialistischen Gemeinschaftsarbeit, die unter der Führung der Partei der Arbeiterklasse ständig wächst, weiteren Aufgaben zuversichtlich und siegesgewiß entgegen. Sie werden, wie es in einem Brief führender Geowissenschaftler der DDR an den Vorsitzenden des Staatsrates der Deutschen Demokratischen Republik zum Ausdruck gebracht wird, ihre Anstrengungen darauf richten, den wissenschaftlichen Höchststand in der geologischen Forschung und Erkundung möglichst schnell durch die breite sozialistische Gemeinschaftsarbeit zwischen der Staatlichen Geologischen Kommission und den Instituten der Universitäten und Hochschulen sowie der Deutschen Akademie der Wissenschaften erreichen.

Diese von Partei und Regierung der Staatlichen Geologischen Kommission gestellten Aufgaben sind klar dargelegt:

1. Mit dem geringsten Aufwand und unter Anwendung der neuesten Erkenntnisse von Wissenschaft und Technik ein

Maximum von mineralischen Rohstoffen zu erkunden, insbesondere an Erdöl und Erdgas, Eisenerzen und anderen Rohstoffen.

2. Durch die konsequente Anwendung des wissenschaftlich-technischen Fortschritts und neuer Arbeitsmethoden sowie durch die Realisierung des Planes Neue Technik die Arbeitsproduktivität bei allen geologisch-technischen Arbeiten weiter zu steigern.

3. Die Generalperspektive der geologischen Forschung und Erkundung in der DDR bis zum Jahre 1980 im Zusammenhang mit der Technik von morgen festzulegen.

Die Größe und Kompliziertheit dieser Aufgaben erfordert eine hohe Qualität der Leitungstätigkeit der Staatlichen Geologischen Kommission, die durch die Verwirklichung des Beschlusses der Staatlichen Plankommission vom 19. 11. 1960 erreicht wird. Dieser Beschluß stellt eine revolutionäre Umwälzung der geologischen Forschung und Erkundung in der DDR dar, die durch folgende Veränderungen charakterisiert wird:

1. Die enge Einbeziehung der Staatlichen Geologischen Kommission in das System der Staatlichen Plankommission ermöglicht die zentrale und straffe staatliche Leitung und Koordinierung aller geologischen Arbeiten in der Deutschen Demokratischen Republik.

2. Die Bildung der Erkundungsbetriebe führt zur Überwindung der bisherigen Trennung von Geologie und Technik und zur vollen Durchsetzung der sozialistischen Ökonomik in der geologischen Erkundung.

3. Die Bildung von Bezirksstellen für Geologie mit dem Status einer Abteilung des Wirtschaftsrates bei den Räten der Bezirke erhöht und festigt die Rolle der örtlichen Staatsorgane bei der Leitung von Industrie und Landwirtschaft auf ihren Territorien.

4. Die Bildung des Zentralen Geologischen Instituts als des wissenschaftlich-technischen Zentrums der Staatlichen Geologischen Kommission schafft durch die umfassende wissenschaftliche Grundlagenforschung auf dem Gebiet der Geologie und Ökonomie der geologischen Erkundung wichtige Voraussetzungen für die Anwendung der modernsten Erkenntnisse der Wissenschaft.

Diese bisher größte und entscheidende revolutionäre Umwälzung der geologischen Forschung und Erkundung in der DDR ist notwendig, um den Sozialismus in der DDR auf allen Gebieten zum Siege zu führen. Dabei ist der geologischen Wissenschaft und insbesondere unserem jungen Industriezweig von Partei und Regierung eine Perspektive gegeben, wie sie einmalig in Deutschland ist und die das Beispiel gibt für die geologische Forschung und Erkundung in Westdeutschland, indem der Triumph des Sozialismus im 20. Jahrhundert zur Tatsache wird.

Mit der Erfüllung der von Partei und Regierung der Staatlichen Geologischen Kommission gestellten Aufgaben tragen die Werktätigen unseres Industriezweiges dazu bei, die fortschrittlichen und humanistischen Traditionen der Geologie in der Deutschen Demokratischen Republik, dem einzig rechtmäßigen deutschen Staat, fortzusetzen. Durch ihre erzielten Leistungen und mit ihren Verpflichtungen zur Erfüllung des Volkswirtschaftsplanes 1961 bringen sie ihren Dank und ihre feste Zuversicht in die Politik der Partei der Arbeiterklasse und der Regierung der Deutschen Demokratischen Republik zum Ausdruck.

Die nächsten Aufgaben der geologischen Forschung und Erkundung in der Deutschen Demokratischen Republik

Leitende Staatsfunktionäre und Wissenschaftler aus dem Bereich der Staatlichen Geologischen Kommission, der Vorstand der Geologischen Gesellschaft in der DDR, Mitarbeiter aus sozialistischen Forschungs- und Arbeitsgemeinschaften und namhafte Vertreter der Geowissenschaften unserer Republik haben am 14. April 1961 auf einer Arbeitstagung der Staatlichen Geologischen Kommission in Berlin über die nächsten Aufgaben der geologischen Forschung und Erkundung in der Deutschen Demokratischen Republik beraten. Aus diesem Anlaß sandten sie an den Ersten Sekretär des Zentralkomitees der Sozialistischen Einheitspartei Deutschlands und Vorsitzenden des Staatsrates der Deutschen Demokratischen Republik, Walter Ulbricht, folgendes Schreiben:

In Auswertung des 12. Plenums des Zentralkomitees der Sozialistischen Einheitspartei Deutschlands haben wir auf der Grundlage wissenschaftlicher Erkenntnisse unsere Erfahrungen darüber ausgetauscht, wie wir schneller und billiger mehr mineralische Rohstoffe für unseren Arbeiter-und-Bauern-Staat erkunden können.

In der Erfüllung dieser Aufgaben sehen wir unseren Beitrag für die Verwirklichung der Moskauer Erklärung der kommunistischen und Arbeiterparteien und der Erklärung, die Sie als Vorsitzender des Staatsrates der DDR am 4. Oktober 1960 vor der Volkskammer abgegeben haben.

Um die Beschlüsse von Partei und Regierung auf dem Gebiet der geologischen Erkundung und Forschung in der DDR zu erfüllen, haben wir auf der Arbeitstagung folgende Probleme behandelt:

Stand der geologischen und geophysikalischen Erkundungsarbeiten in der DDR und die weiteren Aufgaben der Staatlichen Geologischen Kommission und des Zentralen Geologischen Instituts.

Grundprobleme des Perspektivplanes bis 1980 für die geologischen Erkundungs- und Forschungsarbeiten in der DDR und die Heranbildung des wissenschaftlichen Nachwuchses zur Lösung dieser Aufgaben.

Im Ergebnis dieser Beratungen kann festgestellt werden:

Die Wissenschaftler der Staatlichen Geologischen Kommission der DDR führen den vom Ministerrat am 16. Dezember 1960 bestätigten Beschluß der Staatlichen Plankommission über die Verbesserung der Leitung und Organisation der geologischen Erkundungsarbeiten zielbewußt durch und haben entscheidende Maßnahmen zur Verbesserung ihrer Arbeit festgelegt. Sie richten ihre Anstrengungen darauf, den wissenschaftlichen Höchststand in der geologischen Forschung und Erkundung möglichst schnell zu erreichen, wobei als einzig richtiger Weg zu diesem Ziel die breite sozialistische Gemeinschaftsarbeit zwischen der Staatlichen Geologischen Kommission und den Instituten insbesondere der Geowissenschaften der Universitäten und Hochschulen sowie der Deutschen Akademie der Wissenschaften erkannt wurde.

Die erfolgreiche Planung und Lenkung der Erkundungs- und Forschungsarbeiten ist in der Periode des entfalteten sozialistischen Aufbaues nur auf der Grundlage einer weitsichtigen wissenschaftlichen Perspektivplanung möglich.

Wir begrüßen deshalb Ihren Vorschlag auf der 12. Tagung des Zentralkomitees der Sozialistischen Einheitspartei Deutschlands zur Bildung einer Perspektivplankommission als Organ des Ministerrates und empfehlen, dabei der geologischen Erkundung die notwendige Beachtung zu schenken, da sie die Grundlagen für die Produktion in vielen anderen Wirtschaftszweigen schafft.

Wir unterstützen Ihren Vorschlag zur Veränderung der Arbeitsweise des Forschungsrates und schlagen vor, im Forschungsrat ein Gremium zu bilden, das sich mit der Koordinierung der geologisch-geophysikalischen Forschungsarbeiten beschäftigt.

In der geologischen Erkundung und Forschung werden von der Staatlichen Geologischen Kommission in enger Zusammenarbeit mit der Geologischen Gesellschaft in der DDR sowie mit den geowissenschaftlichen Instituten der Hochschulen und Universitäten und der Deutschen Akademie der Wissenschaften in den nächsten Jahren folgende Schwerpunktaufgaben durchgeführt:

1. Umfassende geologisch-geophysikalische Kartierung des gesamten Gebietes der DDR zur Schaffung der wissenschaftlichen Grundlagen für die Suche nach neuen Lagerstätten. Dabei werden im breiten Rahmen neue geophysikalische und geochemische Verfahren, z. B. Aerogeophysik, Seegeophysik, Tiefenseismik, Radiometrie und Kohlenwasserstoffprospektion, unter Nutzung der Erfahrungen der Sowjetunion angewendet.

2. Planmäßige Erweiterung der Erdöl- und Erdgaserkundung bei gleichzeitiger Erhöhung der Effektivität durch Verbesserung der Qualität der seismischen Erkundungsarbeiten sowie der Bohr- und Testarbeiten. Durch den Nachweis neuer Erdöl- und Erdgaslagerstätten wird die Staatliche Geologische Kommission einen entscheidenden Beitrag zur Sicherung unserer Energieversorgung und unseres Chemieprogramms und zum Schutze unserer Wirtschaft gegen Störmanöver der Bonner Militaristen leisten. Neben der Erkundung der Schwerpunkte im Süden der DDR werden in den nördlichen Gebieten umfangreiche Vorarbeiten zur planmäßigen Weiterführung der Erkundungsarbeiten auf Erdöl durchgeführt.

3. Maximale Steigerung des Umfanges und der Intensität der Erkundungsarbeiten auf Eisenerzlagerstätten, um das Zurückgehen der Vorräte in einigen Eisenerzgruben aufzufangen und Lagerstätten für eine neue metallurgische Basis nachzuweisen. In den vergangenen Jahren konnten einige gute Erfolge erzielt werden; so wurde zum Beispiel im VEB Harzer Eisenerzgruben die Voraussetzung für eine Erhöhung der Förderung im Laufe des Siebenjahrplans geschaffen. Gleichzeitig wurden die Voraussetzungen für die Suche nach neuen Lagerstätten und für ihre Erkundung erarbeitet. Die Staatliche Geologische Kommission wird diese Aufgaben in einem Eisenerzprogramm koordinieren, um die Versorgung unserer Republik mit Eisenerzen zu sichern.

4. Erweiterung der wissenschaftlichen Grundlagen für die Suche nach neuen Buntmetallerzlagerstätten, z. B. durch Erarbeitung metallogenetischer Karten. Durch die Erkundungsarbeiten der letzten Jahre konnten weitere neue Baufelder im Kupferschiefer in der Sangerhäuser Mulde nachgewiesen und die Blei-Zink-Erzvorräte im Freiberger Revier beträchtlich erweitert werden.

Wir verfügen heute über eine für Jahrzehnte ausreichende Vorratsbasis an Fluß- und Schwerspat (außer Weißspat). Für die zielgerichtete Weiterführung der Erkundungsarbeiten auf Kupfer- und Blei-Zink-Lagerstätten werden neue Erkundungskriterien erarbeitet.

5. Die bedeutenden Ziele, die der Siebenjahrplan der Staatlichen Geologischen Kommission bei der Weiterführung der Erkundungsarbeiten auf Kalisalze stellt und welche die Voraussetzungen für die Lösung der großen Aufgaben der Kali-Industrie bilden, werden durch das Erkundungsprogramm der Staatlichen Geologischen Kommission gesichert.

6. Verstärkung der hydrogeologischen Erkundungsarbeiten. Durch eine wesentliche Erweiterung der hydrogeologischen Untersuchungen werden die Voraussetzungen für eine ausreichende Wasserversorgung unserer Industriegebiete und vor allem der sozialistischen Landwirtschaft in den nördlichen Bezirken der DDR geschaffen.

Die wissenschaftlichen Grundlagen für die Lösung dieser Schwerpunktaufgaben werden in Gemeinschaftsarbeit vom neugebildeten Zentralen Geologischen Institut und den geowissenschaftlichen Institutionen der DDR in Zusammenarbeit mit den Ländern des sozialistischen Lagers geschaffen.

Die Staatliche Geologische Kommission, die Geologische Gesellschaft in der Deutschen Demokratischen Republik und die Vertreter der geowissenschaftlichen Institute der Universitäten und Hochschulen sowie der Deutschen Akademie der Wissenschaften setzen die fortschrittlichen und humanistischen Traditionen auf dem Gebiet der Geowissenschaft in der DDR, dem einzigen rechtmäßigen deutschen Staat, fort.

In diesem Bemühen werden wir von der Sowjetunion tatkräftig unterstützt. In uneigennütziger Hilfe beraten uns sowjetische Geophysiker und Geologen, Arbeiter und Techniker bei der Erdöl- und Erdgaserkundung. Wir sind der Sowjetunion für diese geistige und für ihre großzügige materielle Unterstützung zu Dank verpflichtet.

Wir wissen, daß fruchtbringende internationale Zusammenarbeit nur im Frieden gedeihen kann.

Die Erfüllung der uns gestellten Aufgaben soll gleichzeitig Dank und Ausdruck unseres Vertrauens und der festen Zuversicht in die Politik der Partei der Arbeiterklasse und der Regierung der DDR sein.

Glück auf!

Die Teilnehmer der Beratung über die nächsten Aufgaben der geologischen Forschung und Erkundung in der DDR

Zur Bildung des Zentralen Geologischen Instituts als wissenschaftlich-technisches Zentrum der Staatlichen Geologischen Kommission

GERHARD TISCHENDORF, Berlin

Durch Beschluß der Staatlichen Plankommission der Deutschen Demokratischen Republik vom 19. November 1960 wurde am 1. Januar 1961 bei der Staatlichen Geologischen Kommission ein Zentrales Geologisches Institut gebildet. Diese Entscheidung war die notwendig gewordene Folgerung, die sich aus der Arbeit der Betriebe der Staatlichen Geologischen Kommission in den letzten zehn Jahren ergab.

Es steht außer Zweifel, daß auf vielen Gebieten der Kartierung und Lagerstättenerkundung im Bereich der Staatlichen Geologischen Kommission in den letzten Jahren erhebliche Erfolge erzielt wurden. Die nachgewiesenen Vorräte an Eisenerzen, Blei-Zink-Erzen, Wolfram-Zinn-Erzen, an Kali, Braunkohle, Steinkohle und an Rohstoffen für die Steine-und-Erden-Industrie, die erfolgreich durchgeführten Kartierungsarbeiten und die Erfolge bei der Bearbeitung petrographischer, paläontologischer, ingenieurgeologischer, hydrogeologischer und bodengeologischer Probleme bestätigen das in ausreichendem Maße. Trotzdem geben wir Geologen uns mit dem Erreichten nicht zufrieden und fragen: Welche Arbeiten wurden bisher nicht oder in unzureichendem Maße durchgeführt? Welche Arbeiten sind — bedingt durch die Entwicklung auf dem Gebiet der Kartierung und Lagerstättenerkundung auch im internationalen Maßstab — neu in den Blickpunkt des Interesses gerückt und müssen von uns in Angriff genommen werden, wollen wir bei der geologischen Erforschung des Territoriums der Deutschen Demokratischen Republik und der Suche nach neuen Lagerstätten, vor allem von der methodischen Seite her, nicht rückständig bleiben oder in Rückstand geraten?

Unserer Meinung nach sind in der Vergangenheit im Bereich der Staatlichen Geologischen Kommission besonders in zwei Punkten Mängel bei der Ausrichtung und Durchführung der Kartierungs- und Erkundungstätigkeit aufgetreten:

1. eine Verkennung der Bedeutung der Kartierungsarbeiten als einen Abschnitt im Prozeß der Suche und Entdeckung von Lagerstätten nutzbarer Rohstoffe und
2. eine in vielen Fällen nicht genügende wissenschaftliche Auswertung der vor allem durch Bohrungen geschaffenen geologischen Aufschlüsse und das häufige Fehlen von Arbeiten, in denen aus den speziellen Fakten allgemeine, für ein größeres Gebiet zutreffende Schlußfolgerungen gezogen wurden.

Die Kartierungsgeologen der Staatlichen Geologischen Kommission und darüber hinaus auch jene, die sich an den Geologischen Instituten der Deutschen Akademie der Wissenschaften und der Universitäten mit diesen Fragen beschäftigen, sahen gemäß einer langen Tradition der Kartierungsarbeiten in Deutschland bis jetzt ihr Ziel fast ausschließlich darin, geologische Karten der Erdoberfläche herzustellen. Die tieferen Schichten, die verdeckten Gebiete wurden dabei zwar z. T. mit erforscht, aber bis vor wenigen Jahren in unzureichendem Maße. Im Vordergrund des wissenschaftlichen Interesses stand bei den kartierenden Geologen fast ausschließlich die (äußerst detaillierte) geologische Aufnahme der Übertageaufschlüsse, wobei vorwiegend den stratigraphischen, paläontologischen und tektonischen, in der letzten Zeit in fortschreitendem Maße auch den petrologisch-faziellen Problemen Beachtung geschenkt wurde. Auch auf die lagerstättenkundlichen Verhältnisse des betreffenden Gebietes wurde bei seiner Kartierung eingegangen, aber mehr aus der Sicht einer Darstellung der bekannten Bergbaufakten und weniger, um unter Beachtung aller möglichen lagerstättenanzeigenden (vor allem geochemischen und geophysikalischen) Kriterien Unterlagen für eine Suche nach neuen Lagerstätten zusammenzutragen.

Diese alte Kartierungsmethode hat sich bis in die letzten Jahre nur unwesentlich verändert. Dies führte dazu, daß wir wohl in vielen Fällen über die Stratigraphie und Petrographie der an der Oberfläche anstehenden Gesteine und auch über die oberflächennahen oder durch Bergbau bekannten Lagerstätten relativ gut Bescheid wissen, aber über die Erzhöffigkeit von unter der Erdoberfläche verborgenen Gesteinen und Strukturen keine oder nur wenig Kenntnis haben.

Durch die offensichtliche Verkennung der Aufgaben der Kartierung in der Vergangenheit gerieten wir in der Erkundung verdeckter, d. h. unter jüngeren Sedimenten verborgener, Erzkörper in Rückstand. Obwohl bekannt ist, daß wir in der Deutschen Demokratischen Republik im wesentlichen nicht mehr damit rechnen können, große Lagerstätten, die im unmittelbaren Bereich der Erdoberfläche aufsitzen, anzutreffen, stehen uns derzeit nur wenig definitive Hinweise zur Verfügung, wo in überdeckten Gebieten neue Erkundungsarbeiten von uns angesetzt werden können, d. h., wir besitzen in vielen Fällen für die Lagerstättenerkundung nur einen geringen Arbeitsvorlauf. Diese Situation wird besonders deutlich, wenn ein bestimmtes Gebiet hinsichtlich der dort möglichen prognostischen Vorräte eingeschätzt werden soll.

Die Verkennung der Bedeutung der Kartierungsarbeiten als einen Abschnitt im Prozeß der Suche und Entdeckung von Lagerstätten nutzbarer Rohstoffe und die daraus resultierende Tatsache, daß der Erkundung durch die ehemalige Kartierungsweise keine oder nur wenig definitive Hinweise auf mögliche Lagerstätten gegeben wurden, führte dazu, daß von den Erkundungsgeologen eine Art „eigene" Kartierung betrieben wurde, eine „gerichtete Kartierung auf Lagerstätten", die häufig als „Grundlagenforschung" bezeichnet wurde. Diese Art der „Kartierung" verlief neben der normalen Kartierung und war mit ihr nicht oder nur ungenügend abgestimmt.

Begünstigt wurde das formale Nebeneinanderlaufen von Kartierung und Erkundung und die notwendigerweise daraufhin zusätzlich durchgeführte „Kartierungsarbeit" der Erkundungsgeologen dadurch, daß die Staatliche Plankommission häufig bestimmte Rohstoffe zu Schwerpunkten in der Lagerstättenerkundung erklärte und unberücksichtigt ließ, ob auch bereits die notwendigen lagerstättenanzeigenden Fakten durch Kartierungs- und Sucharbeiten vorlagen. Im Bestreben, die gestellten Aufgaben zu erfüllen, war der Geologe bisher in einigen Fällen gezwungen, innerhalb kurzer Zeit bei verstärktem Einsatz technischer Mittel Erkundungsarbeiten in Gebieten durchzuführen, die für eine Objekterkundung noch nicht reif waren oder wo noch Unklarheit darüber bestand, ob eine (bohrtechnisch immer recht intensive) Erkundungsarbeit überhaupt gerechtfertigt war. Es ist offenbar, daß eine Arbeitsweise, in der nicht folgerichtig vorgegangen wird, in der Arbeitsstadien übersprungen werden, letztlich unökonomisch ist.

Der Einsatz einer nur relativ geringen Arbeitskapazität für Kartierungszwecke in der Vergangenheit war z. T. allerdings objektiv begründet, da die Bergbaubetriebe in der Deutschen Demokratischen Republik nach Beendigung des zweiten Weltkrieges nur einen geringen Vorlauf an Vorräten besaßen und es in den Nachkriegsjahren erste Aufgabe der Geologen war, durch Einsatz aller vorhandenen technischen Mittel die Vorratssituation der bestehenden Bergbaubetriebe zu verbessern. Aus diesem Grunde war eine große Anzahl von Bohrgeräten unmittelbar an diese Betriebe gebunden — auch bergmännische Erkundungsarbeiten wurden in den meisten Fällen nur im Anschluß an alten bekannten Bergbau durchgeführt —, und für die Erforschung der sich an die klassischen Bergbaubezirke des Erzgebirges, des Thüringer Waldes und des Harzes nach Norden anschließenden, mit jungen Sedimenten überdeckten Gebiete standen nur relativ wenig Mittel zur Verfügung.

Diese Etappe der Verbesserung der Vorratssituation bereits bestehender Betriebe durch Arbeiten der Staatlichen Geologischen Kommission wurde vor einigen Jahren endgültig abgeschlossen, und seit etwa 1958 richten wir unser Augenmerk mehr und mehr darauf, in geologisch unbekannten oder nur wenig bekannten Gebieten Kartierungsarbeiten anzusetzen und mit Sucharbeiten folgerichtig dort fortzufahren, wo lagerstättenanzeigende Kriterien vorhanden sind. Die Abb. zeigt an Hand der ausgegebenen Mittel deutlich, in welcher Weise sich seit 1956 die Arbeiten der Staatlichen Geologischen Kommission auf den Gebieten der Kartierung, der hydrogeologischen Untersuchungen, der Erkundung von Steine-und-Erden-Vorkommen und der Lagerstättenerkundung (ohne Arbeiten auf Erdöl/Erdgas) entwickelt haben.

Die relative Zunahme der Kartierungsarbeiten im Vergleich mit den Erkundungsarbeiten ist gut, und wir bedauern nur, daß diese Tendenz nicht schon einige Jahre früher begann. Auf jeden Fall müssen wir entschieden dazu beitragen, daß diese Entwicklung fortgesetzt wird.

Damit die Arbeiten im Bereich der Staatlichen Geologischen Kommission mit größtem Nutzeffekt durchgeführt werden und für den Ansatz von Erkundungsarbeiten auf allen Gebieten nutzbarer Bodenschätze ein entsprechender Vorlauf geschaffen wird, müssen unseres Erachtens für eine gesunde Weiterentwicklung nachstehende Prinzipien eingehalten werden:

1. Die Kartierungs- und Erkundungsarbeiten der Staatlichen Geologischen Kommission müssen in einzelnen Stadien durchgeführt werden, deren Abgrenzung voneinander wohl fließend ist, die aber in ihrer Aufeinanderfolge streng einzuhalten sind. Diese Stadien (Kartierung–Sucharbeiten–Vorerkundung–Objekterkundung) unterscheiden sich nicht prinzipiell in den ihnen gestellten Aufgaben. Alle Kartierungs- und Erkundungsarbeiten haben das Ziel zu verfolgen, die geologische Erforschung noch nicht genügend bekannter Gebiete im Hinblick darauf durchzuführen, ob für die Wirtschaft unseres Staates nutzbare Bodenschätze vorliegen oder ob sich das betreffende Gebiet zu einer speziellen Nutzung (z. B. Bau von Talsperren) eignet. Im Verlauf der einzelnen Stadien wird dabei von kleinmaßstäblichen zu großmaßstäblichen Arbeiten übergegangen. Zuerst erfolgt eine mehr allgemeine, z. T. allumfassendere, aber häufig weniger intensive, weitmaschigere Untersuchung, später werden dann in begrenzten Gebieten mehr spezielle, intensivere und engmaschigere Arbeiten durchgeführt.

2. Da bereits während der Kartierungsarbeiten der Blick auf die Suche nach lagerstättenhöffigen Räumen gerichtet sein muß, darf das dabei anfallende Material nicht nur in stratigraphischer Hinsicht, sondern muß auch paläontologisch, petrographisch, geochemisch und geophysikalisch ausgewertet werden, um alle lagerstättenanzeigenden Kriterien zu erfassen. Besondere Bedeutung ist dabei jenen Verfahren beizumessen, die den Einflußbereich von geologischen Aufschlüssen, besonders von Bohrungen, über das unmittelbar Anstehende hinaus vergrößern.

3. Entsprechend der Vereinbarung, daß bei der Vorerkundung Vorräte der Klasse C_2, bei der Objekterkundung C_1-Vorräte, zusätzlich C_2-Vorräte und in Ausnahmefällen auch B-Vorräte anfallen, muß nach Abschluß von Kartierungs- und Sucharbeiten gewährleistet sein, daß eine Einschätzung über die im Untersuchungsgebiet vorhandenen prognostischen Vorräte an Bodenschätzen erfolgen kann. Daraus ergibt sich, daß die Kartierungsarbeiten mit Hinweisen auf Such- und Vorerkundungsarbeiten enden müssen und daß umgekehrt keine Vorerkundungs- und Objekterkundungsarbeiten durchgeführt werden dürfen, wenn nicht durch Kartierungs- und Sucharbeiten bereits die notwendigen allgemeingeologischen Kenntnisse über ein Gebiet vorhanden sind und zur prognostischen Einschätzung verarbeitet wurden.

Ein zweiter, bereits am Anfang dieser Ausführungen kurz bezeichneter, nach Meinung des Verf. recht schwerwiegender Mangel bei der Durchführung von Kartierungs- und Erkundungsarbeiten besteht darin, daß die mit hohem finanziellen Aufwand geschaffenen geologischen Aufschlüsse in vielen Fällen nur unzulänglich ausgewertet werden. So besteht die Tendenz, daß es einerseits dem Geologen häufig bereits genügt, wenn ein Aufschluß geschaffen wurde und er ihn makroskopisch untersucht hat, und daß es andererseits dem Bohrtechniker mitunter nur darauf ankommt, sein Bohrmetersoll zu erfüllen, d. h. seine Bohrung niederzubringen, ohne nähere Beachtung der speziellen geologischen Forderungen. Beide Tendenzen sind für die Erreichung eines hohen Wirkungsgrades bei unseren geologischen Untersuchungen äußerst schädlich; summieren sie sich, dann sinkt die Effektivität der Arbeiten auf ein Minimum. Ähnlich schädlich ist die gelegentlich vorhandene Vorstellung, eine Erhöhung der Bohrkapazität sei gleichbedeutend mit der Erhöhung der Effektivität der geologischen Aussage. Es kann dazu nur immer wieder betont werden, daß die Erhöhung der Bohrkapazität eines Bohrgerätes oder die Anschaffung neuer Bohrgeräte auf die Dauer völlig ohne Effekt bleiben, wenn nicht gleichzeitig eine Erhöhung der Arbeitsproduktivität der Geologen oder der Einsatz neuer Kader gewährleistet ist und die entsprechenden zusätzlichen Ausrüstungs- und Laborkapazitäten geschaffen werden.

Es besteht kein Zweifel darüber, daß vor allem unsere Kartierungsbohrungen und die Bohrungen für Sucharbeiten nicht genügend ausgewertet werden; vor allem fehlen in vielen Fällen petrographische und geochemische Untersuchungen. Es wäre unzweckmäßig, die Bohrmeterzahl in der Kartierung maßlos zu erhöhen und umgekehrt nicht dafür Sorge zu tragen, daß in möglichst kurzer Frist eine vollständige petrographische und geochemische Auswertung durchgeführt wird. Die Bedeutung dieser Auswertungsarbeiten, deren Effekt nicht oder nur äußerst schwer zahlenmäßig zu belegen ist, wird unterschätzt. Der geringe Kaderbestand an Petrographen und Geochemikern und die in vielen Fällen nur ungenügende Laborkapazität in den Geologischen Diensten sind ein unübersehbares Zeugnis dafür und ein wesentlicher Grund, daß das geologische Ergebnis unserer Bohrungen oft in einem schlechten Verhältnis zum technischen Aufwand steht. Hierin in kürzester Zeit Abhilfe zu schaffen, muß unsere vordringlichste Aufgabe sein.

Aus der Tatsache, daß in vielen Fällen nur eine ungenügende Auswertung der geologischen Aufschlüsse erfolgte, resultiert auch, daß aus den von der Staatlichen

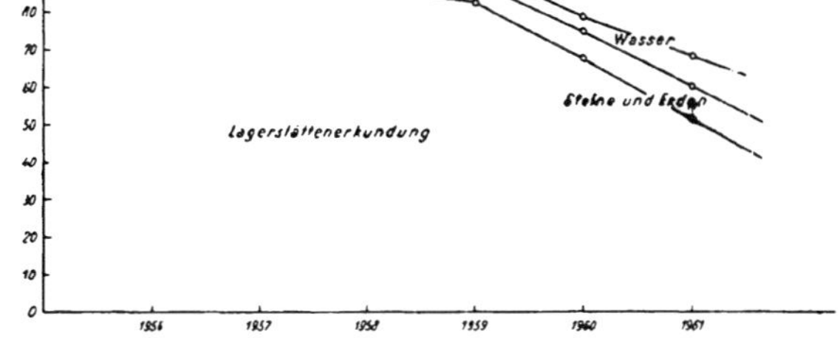

Der prozentuale Anteil der Fachabteilungen des ZGD an den Kosten der in den Jahren 1956 bis 1960 durchgeführten und 1961 geplanten geologischen Untersuchungsarbeiten

Geologischen Kommission durchgeführten Erkundungsarbeiten in der Vergangenheit viel zu wenig allgemeine Schlußfolgerungen gezogen wurden. Wir müssen erkennen, daß mit der Lösung der Hauptaufgabe einer durchgeführten Erkundung die Arbeit noch nicht abgeschlossen sein darf. Wir müssen uns befleißigen, mehr und mehr Probleme allgemeiner Art anzufassen, aus den durchgeführten Untersuchungen Schlußfolgerungen für neue, effektivere Methoden der Kartierung und Erkundung zu ziehen, und darangehen, die Vielfalt der Einzelergebnisse für Monographien und Symposien auszuwerten. Auf den Gebieten der Kalisalzerkundung, der Kupferschiefererkundung und der Erkundung von Schwerspat- und Flußspatlagerstätten sind in den vergangenen Jahren viele gute Ergebnisse, teils durch Arbeiten der Staatlichen Geologischen Kommission, teils durch Arbeiten der entsprechenden Bergbaubetriebe oder der Hochschulen gewonnen worden, so daß es nunmehr an der Zeit ist, diese Ergebnisse zusammenzufassen, auszuwerten und allgemeinere Gesetzmäßigkeiten der Lagerstättenbildung und Kriterien für eine Suche nach weiteren Lagerstätten abzuleiten.

Eng mit diesem Fragenkomplex einer vollständigen Auswertung der von uns durchgeführten Untersuchungsarbeiten ist das Problem der Auswertung der chemischen und physikalischen Analysen verbunden. Im Zentrallabor des ehemaligen Zentralen Geologischen Dienstes wurden jährlich etwa 60000 Elementbestimmungen spektralanalytisch und röntgenfluoreszenzanalytisch und etwa 40000 chemisch durchgeführt. Ein Teil der Analysen diente zu Vorratsberechnungen, ein anderer Teil zur Kenntnis des Chemismus von Gesteinen; in vielen Fällen interessierten vor allem die Gehalte an Spurenelementen. Der analytische Aufwand, der betrieben wird, ist bedeutend, und Verf. glaubt, daß die erzielten Ergebnisse in vielen Fällen nicht in gutem Verhältnis dazu stehen.

Es genügt nicht, wenn unsere Analysen nur für Vorratszahlen und nur zur Übersicht über den Gesteinschemismus ausgewertet werden. Der Vorgang der Lagerstättenbildung — gleichgültig, ob es sich um magmatische oder sedimentäre Lagerstätten handelt — ist ein äußerst komplizierter Prozeß. Dieser Prozeß verläuft in Stadien, und sowohl für die Lagerstättengenese als auch besonders für die daraus abzuleitenden Suchkriterien ist äußerst wichtig, den Chemismus der einzelnen Stadien festzustellen, um die Gesetzmäßigkeiten der für jede Lagerstättenbildung notwendigerweise erfolgenden Migration von Elementen erforschen zu können. Aus diesen Gründen muß eine möglichst weitgehende Auswertung aller Analysenergebnisse durchgeführt werden. Wir müssen unser Augenmerk darauf richten, neue, rationellere Analysenmethoden zu entwickeln. Um den Chemismus einer Gesteinsfazies mit dem der anderen vergleichen zu können, müssen wir bestrebt sein, vor allem in der Spektralanalyse und hier auch bei Routinearbeiten von qualitativen zu halbquantitativen und zu quantitativen Untersuchungsmethoden überzugehen und bei Röntgenfluoreszenz- und normalen chemischen Analysen die Methoden so zu verbessern, daß der Analysenfehler auf ein Minimum gesenkt wird.

Ausgehend von dem Dargestellten, sieht das neugebildete Zentrale Geologische Institut als Leitinstitut der Staatlichen Geologischen Kommission seine wichtigste Aufgabe einerseits darin, durch gründliche Analyse des für bestimmte Gebiete bereits vorliegenden geologischen Tatsachenmaterials wissenschaftliche Konzeptionen für eine weitere Kartierung und Suche nach Lagerstätten zu erarbeiten, und andererseits, aktiv mitzuwirken, daß in allen Fällen eine gründliche wissenschaftliche Auswertung sämtlicher geologischer Neuaufschlüsse vorgenommen wird, um daraus rationellere, fortschrittlichere Untersuchungsmethoden zu entwickeln.

Wenn in den Nachkriegsjahren bis etwa 1957 die endgültige Sicherung des Vorlaufs an Vorräten für die bestehenden Bergbaubetriebe die Hauptaufgabe der Staatlichen Geologischen Kommission bildete und in den Jahren 1958 bis 1960 die systematische geologische und technische Projektierung von Erkundungsarbeiten, verbunden mit dem Aufholen der Rückstände in der Anfertigung von Ergebnisberichten und Vorratsberechnungen der vergangenen Periode, durchgesetzt wurde, so wird nunmehr unter maßgeblichem Einsatz des Zentralen Geologischen Instituts darangegangen, die wissenschaftlichen Grundlagen für die jetzt und in den nächsten Jahren einzusetzenden Kartierungsarbeiten und Sucharbeiten nach neuen Lagerstätten zu schaffen.

Wir werden dabei unsere Arbeiten nicht auf das Grundgebirge des Erzgebirges, des Thüringer Waldes und des Harzes konzentrieren, sondern besonders die geologischen Verhältnisse des Deckgebirges im mittel- und norddeutschen Raum analysieren. Unser Augenmerk wird sich weiterhin insgesamt nicht auf die Suche nach erdoberflächennahen Lagerstätten zu richten haben, sondern auf „verdeckte" oder „verborgene", d. h. im Deckgebirge oder unter dem Deckgebirge liegende. Da sich in den zu untersuchenden Gebieten und geologischen Stockwerken mehr syngenetisch-sedimentäre Lagerstätten als epigenetisch-magmatische finden lassen werden, ist es erforderlich, daß wir uns stärker als bisher auf die Bildungsbedingungen und die Genesis von Sedimentiten und von sedimentären Lagerstätten orientieren und Untersuchungen magmatischer Assoziationen im Zentralen Geologischen Institut auf ein notwendiges Mindestmaß beschränken.

Zu den wichtigsten Arbeiten des Zentralen Geologischen Instituts werden gehören:

1. Klärung der Metallogenie des Eisens im Mesozoikum und Erarbeitung von Kriterien für eine gerichtete Suche und Erkundung von mesozoischen Eisenlagerstätten.

2. Schaffung von Grundlagenkarten für eine Erdölprognose.

3. Erforschung der Genese des Hartsalzes und Erarbeitung von Such- und Erkundungskriterien hartsalzführender Horizonte des Zechsteins.

4. Klärung der Metallogenie des Unteren Zechsteins und Erarbeitung von Kriterien für eine gerichtete Suche und Erkundung von Buntmetallagerstätten vom Typ des vererzten Zechsteindolomites und des Kupferschiefers.
5. Erforschung der fazies-genetischen Bildungsbedingungen von Braunkohlenflözen und ihres Einflusses auf die technische Verwertbarkeit der Braunkohle.
6. Klärung der Metallogenie des jungpaläozoischen Magmatismus im Raum Nordwestsachsen — Halle — Torgau und Erarbeitung von Kriterien für eine gerichtete Lagerstättensuche.

In den Mittelpunkt der Untersuchungsmethoden zur Lösung der genannten Schwerpunktarbeiten müssen wir stärker als bisher geochemische Untersuchungen stellen. Wie bereits angeführt, wurden in der Vergangenheit sowohl der Makrochemismus als auch besonders der Mikrochemismus eines Gesteins nur ungenügend als Kennzeichen der betreffenden Fazies, als Kennzeichen der Bildungsbedingungen und damit auch als evtl. Erkundungskriterium benutzt. Es steht vor uns die Aufgabe, einerseits mehr chemische und spektralanalytische Analysen zur Kennzeichnung eines Gesteins anzufertigen, sodann eine gründlichere Auswertung durchgeführter Analysen vorzunehmen, schließlich aber auch die Qualität der Analysen, d. h. die Aussagegenauigkeit, zu verbessern.

In diesem Zusammenhang ist unbedingt notwendig, daß wir zum Eichen unserer Analysenmethoden die Herstellung von Standardgesteinsproben vorantreiben. Diese Standardproben sollen allen geochemisch arbeitenden Institutionen in der Deutschen Demokratischen Republik für ihre Untersuchungen zur Verfügung gestellt werden. Allerdings wird notwendig sein, daß an der Herstellung und Analysierung dieser Proben einige chemische Labors mitarbeiten.

Neben der Behandlung obengenannter Schwerpunktprobleme werden im Zentralen Geologischen Institut noch Arbeiten durchgeführt, die sich mit der Aufstellung von Kennziffern zur Charakterisierung der Effektivität geologischer Arbeiten beschäftigen, mit Erkundungskonditionen, mit Kennziffern für die Planung, mit neuen Methoden in der Kartierung und Erkundung, mit neuen Analysenmethoden und mit der Entwicklung von Geräten, die für eine gründliche und schnelle Auswertung geologischer Aufschlüsse erforderlich sind. Darüber hinaus wird im Zentralen Geologischen Institut eine Dokumentationsstelle eingerichtet, die mit Hilfe eines Wissenschaftlich-Technischen Informationsdienstes die Aufgabe hat, einmal aus der Fülle der in- und ausländischen geologischen Fachliteratur Hinweise auf Arbeiten zu geben, die für geologische Untersuchungen im Bereich der Staatlichen Geologischen Kommission von Bedeutung sind, und andererseits dafür zu sorgen, daß die Forschungs- und Erkundungsergebnisse der Geologen, Mineralogen und Geophysiker innerhalb der Staatlichen Geologischen Kommission in Kürze bekannt werden und verwertet werden können.

Der Struktur des Zentralen Geologischen Instituts lag der Gedanke zugrunde, als Kernstück eine „thematische“ Abteilung zu schaffen, deren Arbeitsgruppen nach Themen arbeiten, d. h. die Organisierung, Koordinierung und z. T. Durchführung der Arbeiten an obenangeführten Schwerpunktproblemen vornehmen. Darüber hinaus bestehen im Institut Fachabteilungen, und zwar Regionale Geologie, Petrographie und Mineralogie, Paläontologie, Chemische und Physikalische Laboratorien, Angewandte Geologie und Technische Entwicklung. Diese Abteilungen beschäftigen sich einerseits mit wissenschaftlichen und methodischen Problemen ihrer Fachbereiche; ihre wichtigste Aufgabe aber ist, den thematischen Gruppen Zuarbeit zu leisten, d. h. die gesamten oder einen großen Teil der im Rahmen der Schwerpunktprobleme durchzuführenden Untersuchungen zu erledigen.

Es ist offensichtlich, daß das Zentrale Geologische Institut mit seiner Bildung Aufgaben übernommen hat, die für eine gesunde Weiterentwicklung auf den Gebieten der Kartierung und Erkundung innerhalb der Staatlichen Geologischen Kommission von entscheidender Bedeutung sind. Es ist aber gleichfalls auch offensichtlich, daß uns — will man nicht wissenschaftliches Stückwerk liefern — ihre Lösung nur dann gelingt, wenn eine Vielzahl von Wissenschaftlern und technischen Mitarbeitern an der Arbeit teilnimmt, wenn sich wissenschaftliche Kollektive bilden, die sich ganz der Lösung der genannten Probleme verschreiben.

In vielen Fällen werden die Mitarbeiter des Zentralen Geologischen Instituts — auch unter Einbeziehung von Geologen, Geophysikern und Technikern aus den Erkundungsbetrieben, dem VEB Geophysik und dem VEB Erdöl und Erdgas Kombinat — nicht in der Lage sein, die gestellten Aufgaben allein zu lösen. Es wird zur Behandlung einiger Probleme die Mitarbeit von Wissenschaftlern aus Instituten der Deutschen Akademie der Wissenschaften, der Universitäten, der Bergakademie Freiberg und der Bergbaubetriebe notwendig sein. Auch kann nicht gutgeheißen werden, wenn auf einzelnen Gebieten Doppelarbeit geleistet wird und sich Wissenschaftler an verschiedenen geologischen Institutionen in der Deutschen Demokratischen Republik mit ähnlichen oder sogar gleichen Problemen beschäftigen. Aus diesem Grunde muß eine weitgehende Koordinierung der Arbeiten erfolgen, wobei nicht im Mittelpunkt der Diskussion stehen darf, wer diese Arbeiten durchführt, sondern daß sie im Interesse einer raschen Weiterentwicklung der Volkswirtschaft der Deutschen Demokratischen Republik überhaupt und mit der notwendigen wissenschaftlichen Gründlichkeit durchgeführt werden.

Die Gemeinschaftsarbeit wird und muß bei der Lösung der genannten Aufgaben im Vordergrund stehen; einmal aus fachlichen Gründen, da ein oder wenige Wissenschaftler nicht in der Lage sind, die einzelnen Aufgaben zu lösen, schließlich aus zeitlichen Gründen, da es sich um die Bearbeitung von Problemen handelt, deren Ergebnisse von den Erkundungsbetrieben dringend benötigt werden und die uns, je eher wir sie zur Verfügung stellen können, um so eher helfen werden, neue Lagerstätten zu entdecken.

Es ist nicht leicht, eine Prognose über die endgültige Auswirkung der Arbeiten des Zentralen Geologischen Instituts auf die Erkundungs- und Kartierungstätigkeit der gesamten Betriebe der Staatlichen Geologischen Kommission zu geben. Es ist aber sicher richtig, daß wir uns in der jetzigen Periode der Entwicklung verstärkt der Schaffung wissenschaftlicher Grundlagen für Kartierungsarbeiten und Sucharbeiten nach neuen Lagerstätten zuwenden, daß das Hauptaugenmerk nach einer Steigerung der Bohrmeterleistung nunmehr auf eine Steigerung der wissenschaftlichen Auswertung neuer geologischer Aufschlüsse gelegt wird und daß der Schlüssel zum Erfolg bei der Behandlung der gezeigten, äußerst komplizierten Probleme in der Gemeinschaftsarbeit vieler Wissenschaftler aus den verschiedensten Fachgebieten der Geowissenschaften zu suchen ist.

Zur Bildung von Erdöllagerstätten in Riffen

GEORG RUDAKOW, Ufa (UdSSR)

Die Probleme der Bildung von Erdöllagerstätten in Riffen sind nicht nur für die Theorien über die Erdölbildung, sondern auch für die Praxis, insbesondere für die Erdölführung, interessant. Die große Verbreitung von Riffen und Riffdetritus in allen Formationen aller Kontinente (W. E. TWENHOFEL 1950) unterstreicht die Wichtigkeit einer Auswertung des vorliegenden Vergleichsmaterials.

Abgesehen von den bekannten Sakmara–Artinsker Lagerstätten des Ischimbaier Uralvorlandes verdienen die devonischen Lagerstätten von Leduc und Redwater in Alberta (Kanada), die pennsylvanische Lagerstätte Snyder und die Permlagerstätte Hendrick im westlichen Texas, die Tertiärlagerstätte von Kirkuk im nördlichen Irak und die Lagerstätten am Golf von Suez in Ägypten besondere Aufmerksamkeit. Trotz ihres verschiedenen Alters und der spezifischen unterschiedlichen Lagerungsverhältnisse weisen diese Lagerstätten gewisse gemeinsame Züge in ihrer Bildung auf.

Unbestreitbar ist die wichtige Rolle, die die tektonischen Bewegungen während der Bildung der Riffe spielen (A. I. RAWIKOWITSCH 1960), obwohl in manchen Fällen die tektonischen Kräfte scheinbar keinen größeren Einfluß auf die Konfiguration der Oberfläche der Riffmassive ausgeübt haben, z. B. Ischimbaier Riff (D. F. SCHAMOW 1957).

So haben die großen tektonischen Bewegungen den Verlauf der Ural-Riffbarriere in einer Ausdehnung von über 1000 km bestimmt (Abb. 1). Bekanntlich erhebt sich auf dem rechten Ufer des Flusses Belaja, südlich der Stadt Sterlitamack, auf der Oberfläche des kristallinen Fundamentes die Aufragung Ischimbai. Der höchste Teil in der Depression dieser tektonischen Struktur ist die Schichaner Erhebung. In ihrem axialen Teil treten die Riffe der Sakmara–Artinsk-Stufe in einer Ausdehnung von etwa 1000 m zutage aus. Auf dem steilen westlichen Flügel der Erhebung vermutet man Brüche, Verwerfungen usw.

Ebenso ist die Abhängigkeit der gegenwärtigen Ausbildung des Delaware-Beckens im westlichen Texas von den noch zur Zeit der Bildung der Texas-Riffbarriere wirksamen tektonischen Elementen gut feststellbar (Abb. 2).

Die Bedeutung der tektonischen Impulse bei der Schaffung von günstigen Bedingungen für die Bildung von Lagerstätten in Riffen zeigt die Tektonik des Nahen Ostens (Abb. 3).

Charakteristisch für alle Lagerstätten in Riffen ist nicht nur ihre Beziehung zu Synklinalen, sondern auch zum kristallinen Fundament und zu den Tiefenbrüchen. Das wurde sowohl für das Snyder-Erdölvorkommen (Abb. 4), für die Vorkommen von Leduc und Redwater (Abb. 5), von Ischimbai (Abb. 6) als auch für manche andere Vorkommen festgestellt.

Wie aus dem schematischen Längsprofil (Abb. 5) ersichtlich ist, war eine laterale Migration längs der Diskordanz unmöglich, und die Erdölvorkommen von Leduc und Redwater sowie das McMurray-Schweröl-vorkommen bildeten sich auf verschiedene Weise.

Interessant ist, daß der ölhaltige Athabaska-Sand, das Schwerölvorkommen McMurray, nach W. B. PORFIRJEW (1960) etwa 5% des Weltvorrates an Bitumen enthält. Das Schwerölvorkommen befindet sich in der Grenzzone zwischen Nordamerikanischer Tafel und Geosynklinale, wodurch sehr gut diese große Schwerölanhäufung erklärt wird.

Das Vorhandensein von Bruchspalten, Disjunktionen usw., die die Bildung der Erdöllagerstätten begleiten, ist wahrscheinlich das wichtigste Element bei der Bildung sowohl der Riff- als auch der anderen Erdölvor-

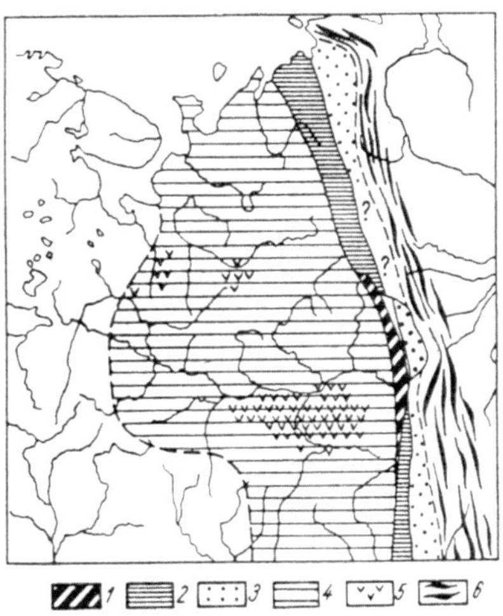

Abb. 1. Fazies der Sakmara-Artinsk-Sedimente der Russischen Tafel (nach STRACHOW)

1 — Riffkalke, 2 — Zone mit geringmächtigen Ablagerungen, 3 — Zone mit mächtigen Ablagerungen, 4 — Karbonate, 5 — Schichten und Einlagerungen von Gips und Anhydrit, 6 — herzynische Falten

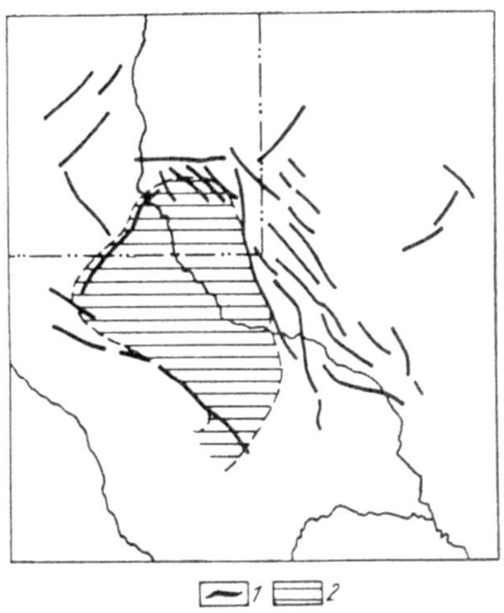

Abb. 2. Delaware-Riffbecken in Westtexas (nach KING)

1 — tektonische Falten (Perm), 2 — Delaware-Becken

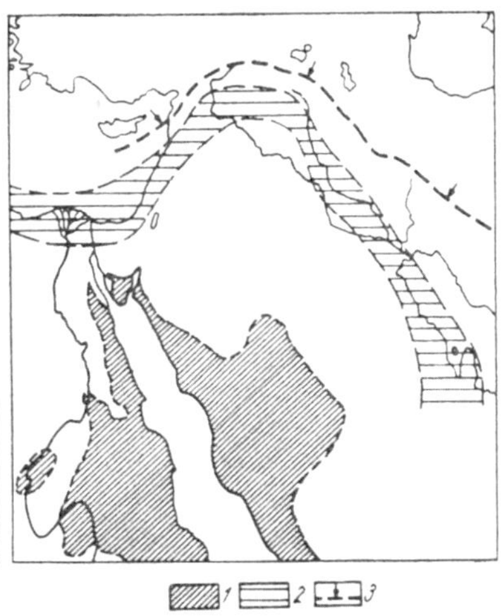

Abb. 3. Tektonisches Schema des Nahen Ostens (nach WEEKS)

1 — Afrikanischer und Arabischer Schild, 2 — Senkungsgebiet, 3 — Grenze des Hochgebietes

kommen, wie auch die schematischen Profile durch einige Lagerstätten (Abb. 7—8) bestätigen.

Das schematische Profil durch die Erdölvorkommen am Golf von Suez (Abb. 7) zeigt anschaulich ihre enge Verbindung mit der Bruchtektonik des Fundaments, das bekanntlich stellenweise erdölproduktiv ist. Wie L. G. WEEKS (1952) darlegte, füllt das Erdöl durch seine Migration immer porösere Gesteine aus, in vorliegendem Fall die Riffe. Das gilt insbesondere für die Erdölhöffigkeit des porösen Fundamentes oder des sogenannten „granite wash".

Interessant ist das Hendrick-Erdölvorkommen im westlichen Texas, das an permische Riffkalke gebunden ist (Abb. 8). Das Auftreten eines Tiefenbruches im kristallinen Fundament und die Zerklüftung und Zerrüttung der Kalksteine und auch der in ihrem Liegenden auftretenden permischen Ablagerungen durch Verwerfungen haben die vertikale Erdölmigration aus der Bruchspalte des kristallinen Fundamentes veranlaßt.

Mit demselben Tiefenbruch ist wahrscheinlich auch

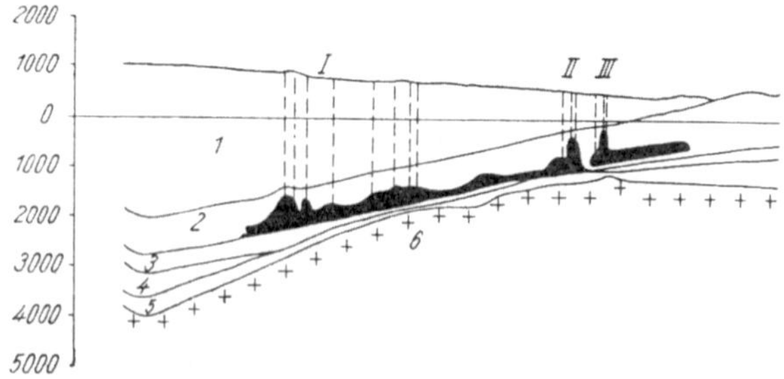

Abb. 4. Schematisches Profil durch die Pennsylvanian-Riffe des Snyder-Erdölvorkommens in Westtexas (nach RICHARDSON)

I — Kelly Snyder, II — Noodle Creek, III — Wimberly; 1 — Perm, 2 — Pennsylvanian, 3 — Mississippian, 4 — Devon, Silur, 5 — Ellenburger Schichten, 6 — kristallines Fundament

das bedeutendste, im westlichen Texas gelegene Erdöl- und Erdgasvorkommen Panhandle Amarillo, auf dem bekanntlich Erdöl aus dem kristallinen Fundament gefördert wird, in Verbindung zu bringen. Charakteristisch für diese Lagerstätte ist, daß der ursprüngliche Lagerdruck 50% des hydrostatischen Drucks nicht überstieg (A. I. LEVORSEN 1958). Auch im Schaimer Erdölvorkommen im Tjumengebiet (Sibirien) war der ursprüngliche Lagerdruck anomal niedrig, und zwar wurden infolge des Fehlens von Sohlenwasser nicht einmal 60% des hydrostatischen Drucks erreicht (L. I. ROWNIN 1960).

Wesentlich für die Bildung der Lagerstätten ist ihre Bildungszeit. Wenn die in devonischen Gesteinen auftretende Lagerstätte von Leduc sich in der Kreide oder sogar erst im Tertiär gebildet haben soll (W. C. GUSSOW 1955), so kann sicherlich auch für die Akkumulationen im westlichen Texas, in Kirkuk und Ischimbai ein junges Alter angenommen werden.

In dieser Hinsicht sind die erwähnte Schichaner Erhebung und das gleichartige Ausbeißen der bituminösen Riffkalke im Raum von Suleimanija, etwas östlich von Kirkuk, an die Oberfläche bemerkenswert.

Einen wichtigen Hinweis auf die Akkumulationszeit der Lagerstätten — von der physikalischen Interpretierung der Bildungsprozesse aus gesehen — gibt die Untersuchung der epigenetischen Minerale. Manche epigenetischen Minerale (K. R. TSCHEPIKOW 1960) enthalten keine Erdöleinschlüsse, was darauf hinweist, daß die Poren erst nach der Ausscheidung des ganzen Karbonat-, Anhydrit-Komplexes usw. mit Erdöl ausgefüllt worden sind. Da für die Bildung der epigenetischen Minerale hohe Drücke und Temperaturen erforderlich sind, kann ihre Ausscheidung nur in bedeutender Tiefe stattgefunden haben. Man kann also behaupten, daß das Erdöl erst in verhältnismäßig später Zeit in die Speichergesteine migrierte.

Bei der Untersuchung von Bohrkernen aus dem Erdölvorkommen von Leduc (T. A. LINK 1950) wurde häufig das Vorkommen geschlossener sekundärer Porosität nachgewiesen, die auf sekundäre Kristallisation zurückzuführen ist. Aus diesem Grund findet in manchen Bohrlöchern kein Erdölzufluß statt.

Auch im Snyder-Vorkommen im westlichen Texas (R. E. BERGENBACK & R. T. TERRIERE 1953) überwiegt die sekundäre Porosität. Die geschlossene Porosität wird hier stellenweise durch die Ablagerung der epigenetischen Mineralien bedingt.

Beachtenswert ist auch die Tatsache, daß die tertiären Riffkalke von Kirkuk — gleichaltrig den Asmari-Kalksteinen des südwestlichen Iran — auf die Anwesenheit von Zementationsrhythmen hinweisen (F. R. S. HENSON 1950). So zeigen manche Bohrkerne von Kirkuk verkalkte, geschlossene, mit Erdöl gefüllte Kavernen. Dieses Erdöl unterscheidet sich nach allen physikalisch-chemischen Angaben von den Fluiden, was darauf hinweisen könnte, daß das Speichergestein schon vor dem Eindringen des Wassers mit Öl gefüllt war.

Ein ähnliches Merkmal kann man in Riffkalken des Ischimbaier Uralvorlandes beobachten: 20% der berechneten Erdölvorräte kommen auf die geschlossene Porosität.

Charakteristisch für Riffe ist das Überwiegen der vertikalen Zerklüftung (T. A. LINK 1950, R. E. BERGENBACK & R. T. TERRIERE 1953). Diese weitläufigen Zerklüftungen vergrößern nicht nur die effektive Porosität, sondern auch die vertikale Permeabilität, die einen wesentlichen Faktor für den Fließprozeß der Migration darstellt.

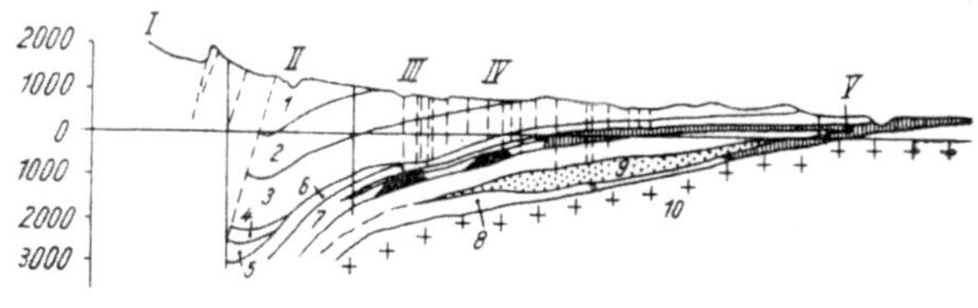

Abb. 5. Schematisches Profil: Rocky Mountains—Alberta-Synklinale (nach CORBETT)

I — Rocky Mountains, II — Alberta-Synklinale, III — Leduc, IV — Redwater-Erdölvorkommen, V — schwerölhaltige McMurray-Sande; 1 — Tertiär, 2 — Obere Kreide, 3 — Untere Kreide, 4 — Jura, 5 — Trias, 6 — Unteres Karbon, 7 — Devon, 8 — Kambrium, 9 — Evaporiten, 10 — präkambrisches Fundament

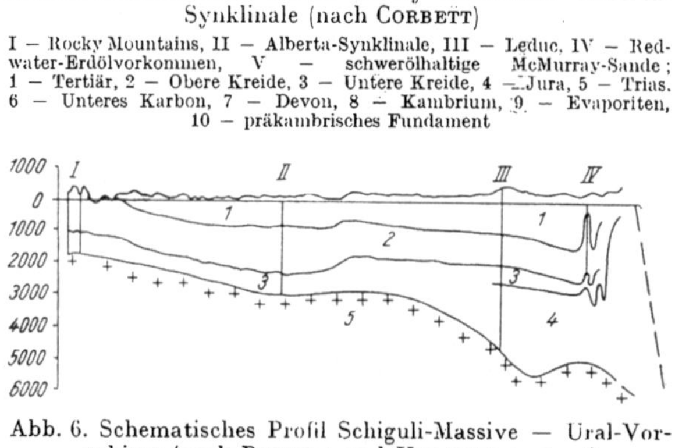

Abb. 6. Schematisches Profil Schiguli-Massive — Ural-Vorgebirge (nach PRITULA und KINASCH, ergänzt)

I — Strelni Owrag, II — Piliugino, III — Sterlibaschewo, IV — Riffe von Ischimbai; 1 — Perm, 2 — Karbon, 3 — Devon, 4 — Prädevon, 5 — kristallines Fundament

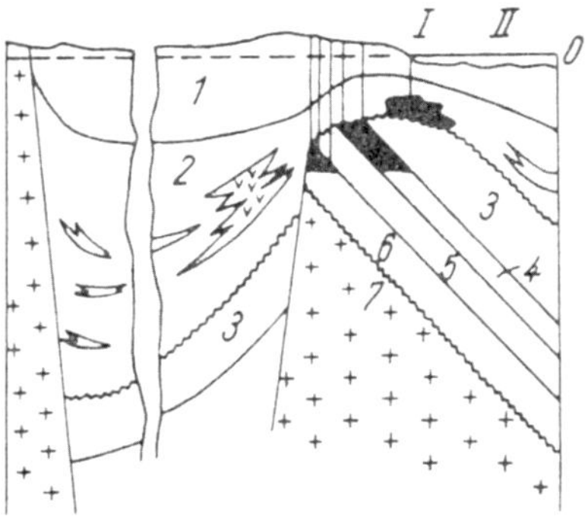

Abb. 7. Schematisches Profil durch die Erdöllagerstätten am Golf von Suez (nach WEEKS)

I — Riffe, II — Suez-Bucht; 1 — Miozän und rezente Ablagerungen, 2 — miozäne Anhydrite, 3 — Eozän, 4 — Kreide (Nubischer Sandstein), 5 — Karbon, 6 — Unteres Karbon, 7 — kristallines Fundament

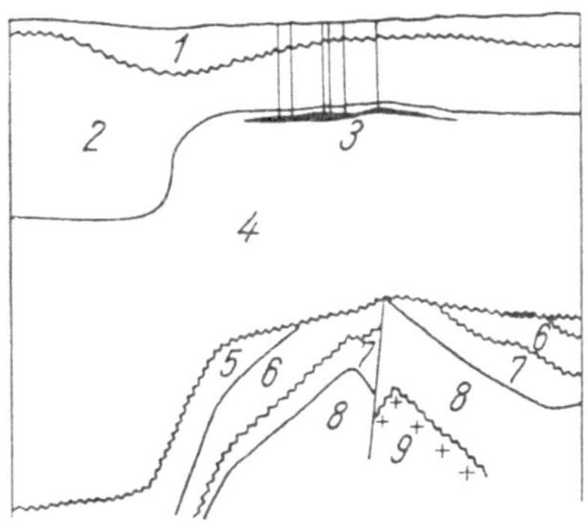

Abb. 8. Schematisches Profil durch die Perm-Riffe des Hendrick-Erdölvorkommens (nach Angaben der Westtexas Geological Society)

1 — Quartär und Trias (Sandsteine), 2 — Evaporiten, 3 — Riffkalke, 4 — Perm-Karbonate, 5 — Pennsylvanian, 6 — Mississippian, 7 — Silur, 8 — Ordovicium, 9 — kristallines Fundament

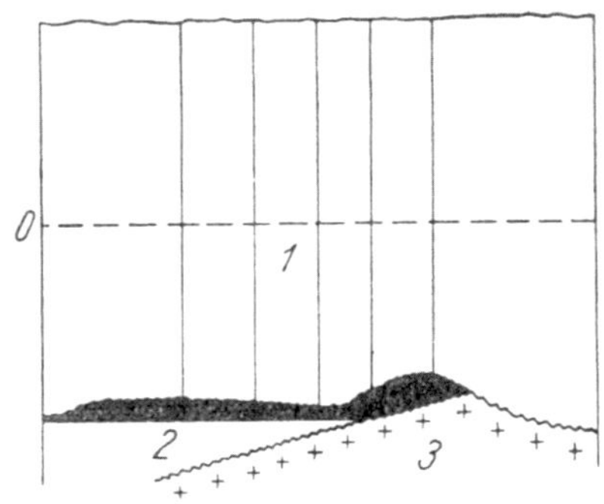

Abb. 9. Schematisches Profil durch das Apco-Erdölvorkommen in Texas, eine typische Lagerstätte zwischen zwei Diskordanzen (nach ELLINSON)

1 — Perm, 2 — Ordovicium, 3 — präkambrisches kristallines Fundament

Im Zusammenhang mit diesen Vorstellungen über das Wesen der Migration und der sie begleitenden Prozesse, z. B. die Extraktion der Porphyrine aus dem umgebenden Medium, die Adsorption von Asphaltenen und Harzen aus Erdöl auf den Mineralkörnern, die Filtrationsfraktionierung des Erdöls, das während der Migration kolloidale und gelöste Substanzen ausscheidet, sind die geochemischen Kennziffern des Erdöls und des Lagerstättenwassers besonders interessant.

Ein für alle Riffe charakteristischer geochemischer Indikator ist der Borgehalt im Lagerstättenwasser oder im Bohrkernmaterial selbst (A. F. FREDERICKSEN & R. C. REYNOLDS 1960). Die festgestellten Konzentrationen von Bor in Form von Kaliborit, Indirit usw. in den devonischen Riffen von Kanada oder in den permischen Riffen von New Mexico und Texas sowie im Lagerstättenwasser von Ischimbai lassen sich als Extraktion aus dem Seewasser durch Tonmineralien, in erster Linie durch Illit und Kaolinit, erklären.

Diese Tatsache lenkt die Aufmerksamkeit auf die Bedeutung der Randschichten des Haftwassers im porösen Medium. Die Besonderheiten der Erdölförderung aus karbonatischen Speichergesteinen sind — abgesehen von deren Zerklüftung und der geschlossenen Porosität — vielfach durch die Art des gebundenen Wassers bedingt.

Andererseits lassen die physikalisch-chemischen Eigenschaften der Erdöle (s. Crude-Evaluation Charts) Rückschlüsse auf die abgelaufenen Prozesse zu. So ist z. B. das Erdöl von Kirkuk mit einem spezifischen Gewicht von 0,848 und einem Schwefelgehalt von 1,95% trotz der bedeutenden Entfernung völlig gleichartig dem Erdöl aus dem Asmari-Kalkstein der Basrah-(Zubair-) Lagerstätte mit einem spezifischen Gewicht von 0,847 und einem Schwefelgehalt von 1,98%.

Die Tatsache, daß das Erdöl des Vorkommens von Leduc ein spezifisches Gewicht von 0,825 bei einem Schwefelgehalt von 0,28% hat, während das Erdöl von Redwater — eines benachbarten Vorkommens in derselben Schicht (D_3) — ein spezifisches Gewicht von 0,851 und einen Schwefelgehalt von 0,54% hat, weist auf den Einfluß der Dolomitisierung der Speichergesteine und ihres Liegenden hin, was auch durch Analysen von Bohrkernmaterial aus diesen Lagerstätten bestätigt wird (T. A. LINK 1950).

Die Bildung von Erdöllagerstätten unterliegt in Riffen also denselben Gesetzmäßigkeiten wie in anderen Speichergesteinen, d. h., das Erdöl berücksichtigt bei der Akkumulation nicht das Alter der Schichten und nicht ihre Grenzen, sondern nur die geeigneten Speichergesteine.

Das Erdöl ist in verschiedenen Mengen in den verschiedenen Horizonten, aber immer einschließlich der tiefsten Ablagerungen, sogar der des kristallinen oder metamorphosierten Fundamentes verbreitet (N. A. KUDRIJAWZEW 1957), was jetzt schon von den Wissenschaftlern nicht mehr bestritten wird (E. LANGE 1957).

Die größere Konzentration des Erdöls in senkrechter Richtung im Vergleich zu der Flächenkonzentration deutet auf ein Vorherrschen der vertikalen Migration hin. Die Verbindung der Erdölvorkommen mit Bruchspalten und Tiefenbrüchen bestätigt diese Gesetzmäßigkeit. Zum Beispiel stehen, wie G. P. TAMRASJAN 1960 zeigte, die Erdölvorkommen von Baku in engster Verbindung mit einem mächtigen Tiefenbruch, der in NE-Richtung von Kobystan die Nischnekuriner Niederung und die ganze Apscheron-Halbinsel überquert.

Die Gesetzmäßigkeiten in der Veränderung der physikalisch-chemischen Erdöleigenschaften weisen auf eine einheitliche Quelle mit gleichzeitiger Bildung der Erdöllagerstätten eines ganzen stratigraphischen Profils hin, d. h. auf das Fehlen selbständiger Zyklen bei der Bildung von Erdöllagerstätten.

Nur eine solche Kenntnis der Gesetzmäßigkeit der Raumverteilung des Erdöls gestattet eine wissenschaftliche Begründung der Erdölförderung. Die Grundlage dieser Erkenntnis bildet die Theorie von der Tiefenerdölentstehung, die von physikalischer Seite durch die Prozesse der Migration und Akkumulation des Erdöls bestätigt wird.

Zusammenfassung

Verf. diskutiert die Bildung von Erdöllagerstätten in karbonatischen Gesteinen (Riffen) und erörtert die Problematik der Zusammenhänge mit Tiefenstörungen.

Резюме

Автор обсуждает происхождение нефтяных месторождений в карбонатных породах (рифах) и освещает вопросы связей с глубинными разломами.

Summary

The formation of petroleum deposits in carbonated rocks (reefs) and problems connected with depth disturbances are discussed by the author.

Literatur

BERGENBACK, R. E. & R. T. TERRIERE: Petrography and Petrology of Scurry Reef, Scurry County, Texas. – Bull. Amer. Assoc. Petrol. Geol., Vol. 37, H. 5, S. 1014 (1953).
FREDERICKSEN, A. F. & R. C. REYNOLDS: How Measuring Paleosalinity Aids Exploration. – Oil and Gas Journal, Vol. 58, H. 5, S. 154 (1960).
GUSSOW, W. C.: Time of Migration of Oil and Gas in Alberta, Canada. – Proc. Geol. Assoc. Canada, Vol. 7, part I, S. 11 (1955).
HENSON, F. R. S.: Cretaceous and Tertiary Reef Formations and Associated Sediments in Middle East. – Bull. Amer. Assoc. Petrol. Geol., Vol. 34, H. 2, S. 215 (1950).
KUDRIJAWZEW, N. A.: Die Grundgesetzmäßigkeiten der Lokalisierung des Erdöls in Erdölgebieten. – Bull. Moskauer Ges. Naturforsch., geol. Abt., Vol. XXXII, Ausg. 4, S. 3 (1957).
LANGE, E.: Zur Erdölgenese. – Z. angew. Geol., Bd. 3, S. 351 (1957).
LEVORSEN, A. I.: Geology of Petroleum. – San Francisco 1958.
LINK, T. A.: Theory of Transgressive and Regressive Reef (Bioherm) Development and Origin of Oil. – Bull. Amer. Assoc. Petrol. Geol., Vol. 34, H. 2, S. 263 (1950).
PORFIRJEW, W. B.: Über die Natur des Erdöls. – In: Die Herkunft des Erdöls (Sammelbd.), S. 26, Gostoptechisdat, Moskau 1960.
RAWIKOWITSCH, A. I.: Riffe und die Rolle der tektonischen Bewegungen bei ihrer Bildung. – Bull. Moskauer Ges. Naturforsch., geol. Abt., Vol. XXXV, Ausg. 1, S. 47 (1960).
ROWNIN, L. I.: Schaimer Erdölvorkommen im Tjumen-Gebiet. – Geologija nefti i gasa, H. 11, S. 41 (1960).
SCHAMOW, D. F.: Fazien der Sakmara-Artinsk-Ablagerungen im Ischimbaier Uralvorland. – Arb. Ufaer Erdölinst., Ausg. II, S. 3, Gostoptechisdat, Moskau 1957 (russ.).
TAMRASJAN, G. P.: Über die Anwesenheit eines Tiefenbruches auf dem südöstlichen Kaukasus. – Mitt. Akad. Wiss. UdSSR, geol. Ser., H. 8, 1960, S. 20 (russ.).
TIMERGASIN, K. R.: Prädevonische Formierungen in Westbaschkirien und die Perspektiven der Gas- und Ölführung. – Akad. Wiss. UdSSR, Baschkirien, Ufa 1959 (russ.).
TSCHEPIKOW, K. R.: Die Herkunft des Erdöls (Sammelbd.). – S. 380, Gostoptechisdat, Moskau 1960 (russ.).
TWENHOFEL, W. H.: Coral and Other Organic Reefs in Geologic Column. – Bull. Amer. Assoc. Petrol. Geol., Vol. 34, H. 2, S. 182 (1950).
WEEKS, L. G.: Factors of Sedimentary Basin Development that Control Oil Occurence. – Bull. Amer. Assoc. Petrol. Geol., Vol. 36, Teil 2, S. 2071 (1952).
Ohne Verf.: Crude-Evaluation Charts. – Oil and Gas Journal, Vol. 56, H. 12, S. 109 (1958).

Erdöl/Erdgasmigration und Tiefenbrüche

ERICH LANGE, Berlin

Tektonik und Erdölgenese

Ohne großtektonische Oszillationen, ohne Absenkungen von vielen tausenden Metern gäbe es keine mit Sedimenten angefüllte Becken, keine Speichergesteine und somit auch keine Erdöl/Erdgasakkumulationen innerhalb der Erdkruste. Bei großtektonischer Senkung, sei es in Geosynklinalen oder Tafelgebieten, lagern sich an der Erdoberfläche rezente Sedimente ab, während gleichzeitig durch denselben großtektonischen Vorgang in der Tiefe Sedimente älterer Formationen stärker metamorphosiert und schließlich in kristalline Schiefer umgewandelt werden. In großen erdöl/erdgashöffigen Gebieten besteht somit ein enger Zusammenhang zwischen dem metamorph-kristallinen Fundament und den nur schwacher Metamorphose unterworfenen Sedimenten höherer Stockwerke. Die Großtektonik, insbesondere die großen Senkungsvorgänge, verbindet die Ablagerung von Detritus mit organischen Bestandteilen, deren Umwandlung in dispers verteiltes Mikronaphtha, dessen Anhäufung und Umwandlung in migrierbare Fluide, mit den graphithaltigen Schiefern des kristallinen Fundamentes, die im Graphit die Reste der ursprünglichen, durch den grandiosen Senkungsvorgang umgebildeten organischen Substanz enthalten (Abb. 3).

Sehr anschaulich zeigt dies die von H. JAKOB in „Erdöl und Kohle, Erdgas und Petrochemie", 1961, S. 4, veröffentlichte Tabelle, nach der sich im Laufe der Metamorphose Ablagerungen mit sandiger Fazies in Graphitquarzite, solche mit tonig-humoser und tonig-bituminöser Fazies in Graphitgneise, Graphitglimmerschiefer und Graphitphyllite und Gesteine der kalkig-bituminösen Fazies in graphitische Marmore umgewandelt haben.

Ebenso wie die Bildung geht auch die Akkumulation von Erdöl und Erdgas auf großtektonische Vorgänge zurück. Ohne Faltungen, ohne Antiklinalen und Synklinalen, ohne Schrägstellung großer Sedimentpakete der Tafelgebiete, ohne Transgressionen und Diskordanzen sowie ohne weitreichende Brüche und Spaltensysteme gäbe es keine Fallen und somit keine Möglichkeiten für die Akkumulation von Naßgasen (kondensathaltigen Gasen), Erdölen und Erdgasen. Daher ist die großtektonische Oszillation die Voraussetzung sowohl für die Genese als auch für die Akkumulation nutzbarer und wirtschaftlich gewinnbarer Kohlenwasserstoffansammlungen innerhalb der Sedimentärbecken der Erdkruste.

Tektonik und Riffbildung

Auch das Wachstum von Riffen (G. RUDAKOW 1961) setzt großtektonische Senkungen voraus. In dem Ausmaß, wie der Boden sinkt, wächst das Riff nach oben. Die Senkung kann sich regional vollziehen. Auf ebenen sinkenden Flächen dürften sich allerdings Riffe nur bilden können, wenn der versenkte Krustenteil irgendwelche Erhöhungen, die aus felsigem Gestein bestanden, aufwies. Bruchlinien, die Gesteine verschiedenen lithologischen Charakters an die Erdoberfläche brachten, die auf die Verwitterung verschiedenartig reagieren und dadurch zur Bildung von Klippen auf dem Land oder im Schelfmeer führen, erscheinen hierfür ganz besonders geeignet. Das gilt auch für die Ränder großer erdölhöffiger Becken.

Insofern können Tiefenbrüche die Entstehung von Riffen außerordentlich begünstigen. Auf diesen Bruchlinien wird auch hier und da, falls ihre Spalten offen bleiben oder später wieder geöffnet werden, Erdöl und Erdgas in die Riffe eindringen und dort Lagerstätten gebildet haben, wenn die Riffe inzwischen von undurchlässigem Deckgebirge in genügender Mächtigkeit überlagert wurden.

Jüngere Bruchlinien, die die Riffe durchsetzen und die bis an die Erdoberfläche mehr oder weniger klaffend sind, werden durch starke vertikale Migration das Erdgas der Riffe der Atmosphäre zuführen, das Erdöl an den Ausbissen oxydieren lassen und, falls die lithologischen und geochemischen Bedingungen vorhanden sind, zur Entstehung von „Teersanden" (richtiger Ölsanden), asphaltischen oder ozokeritischen Absätzen führen. Solche jüngeren, nach der Riffbildung entstandenen Brüche dürften im allgemeinen wenig Hinweise für die Erdölprospektion bieten, während die älteren Brüche zusammen mit sonstigen großtektonischen Linien, die den Anlaß zu der Entstehung der Riffe gaben, äußerst wichtige Indikatoren für die Erdölsuche abgeben. So kann die Ural-Riffbarriere (G. RUDAKOW 1961) eben über 1000 km Länge im Zusammenhang mit den großtektonischen Vorgängen, die die Faltung des Ural-Gebirges veranlaßten, nachgewiesen werden. Ähnliches gilt auch für die weiteren, von G. RUDAKOW in seiner Darstellung über die Bildung von Rifflagerstätten erwähnten Riffgebiete (Texas-Riffbarriere, Riffe im kanadischen Paläozoikum, tertiäre Riffe von Kirkuk usw.).

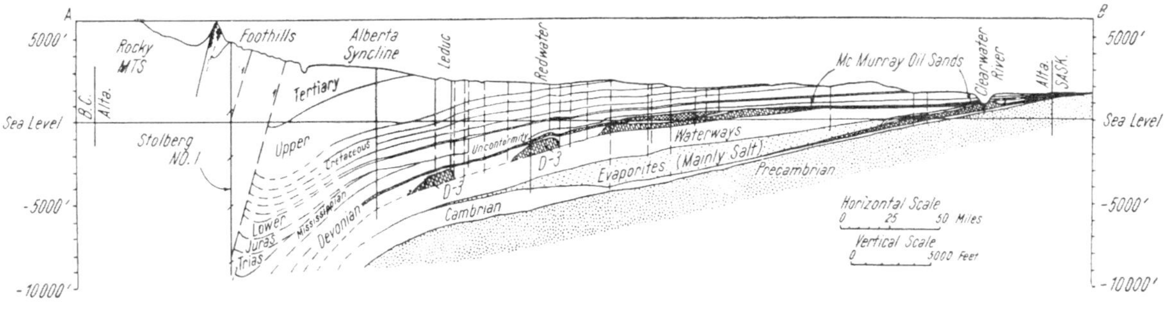

Abb. 1. Profil durch das Sedimentärbecken von Alberta (nach CORBETT 1955)

Rifflagerstätten können natürlich nicht nur in ihren Kavernen, sondern auch in vertikalen Klüften Erdöl führen. Solche Kluftlagerstätten sind typisch für Dolomite und Kalksteine, die starken tektonischen Einwirkungen ausgesetzt waren. Während die Tonschiefer und Sandsteine eines durch Gebirgsdruck beanspruchten Schichtenpaketes zur Faltung neigen, können gleichzeitig die mehr starren Karbonatschichten einschließlich der Riffe so zerklüftet werden, daß sie nunmehr fähig sind, falls ihr Hangendes genügend Abdichtungsmöglichkeiten bietet, besonders große Mengen migrierenden Erdöls anzusammeln.

Erdölhöffigkeit des metamorph-kristallinen Fundamentes

Das metamorph-kristalline Fundament ist unter anderem deshalb erdöl- und erdgasfrei, weil seinen dichten Gesteinen die nötige Permeabilität fehlt. Trotzdem wird gelegentlich aus kristallinen Gesteinen gefördert, und zwar dann, wenn sie porös bzw. zerklüftet sind (K. K. LANDES u. a. 1960). Die Kohlenwasserstoffe sind in solchen Fällen in sie genauso wie in poröse bzw. klüftige Sedimente oder Riffe eingewandert.

Der Hinweis von G. RUDAKOW (1961) auf die Rolle des „granite wash" kann uns weiterhelfen. In tropischen Gebieten entstehen in den Steppen zwischen ariden und humiden Gebieten gewaltige Mengen Granitgrus, deren Schuttkegel ringförmig die granitischen Inselberge, die als Härtlinge aus den Fastebenen herausragen, umgeben. Der Grus ist eine Begleiterscheinung der Wollsackverwitterung. Sie ist nur dadurch möglich, daß die Atmosphärilien die durch Entspannung gebildeten Risse und Klüfte grobkristalliner Gesteine beständig ausweiten. Es entstehen dann im Granit wie im Karst Kavernen bis zu weiträumigen Höhlensystemen. Genauso wie ein an der Oberfläche verkarstetes Karbonatgestein nach seiner Versenkung und Abdeckung ein stark poröses und gut permeables Speichergestein abgeben kann, kann es der angewitterte Granit unter gleichen Umständen. Die Oberflächenbedingungen können eben an lithologisch verschiedenartigen Gesteinen zu Bildungen führen, die nach ihrer Versenkung und Abdeckung ähnliche Speichergesteinseigenschaften aufweisen.

Der Granitgrus umgibt die Inselberge wie der Riffdetritus die Riffe. Beide brekziösen Gesteine können unter günstigen Umständen, die ein späteres epigenetisches Verkitten und Zementieren ihrer Hohlräume und Poren verhinderten, besonders gute Speichergesteine abgeben. Natürlich können auch tektonisch entstandene Spalten und Brüche die Ursache zur Akkumulation in relativ hochgelagerten Teilen des metamorph-kristallinen Fundaments werden (K. K. LANDES u. a. 1960).

Tafel, Synklinale, Orogen

Tafel, Synklinale und Orogen stellen die tektonische Dreiheit dar, die Erdöl- und Erdgasentstehung und -akkumulation hervorruft, lenkt und leitet. Am Beispiel der Alberta-Geosynklinale läßt sich dies besonders klar demonstrieren. Um die Situation deutlicher zu machen, bringen wir in Abb. 1 noch einmal ein Profil von C. S. CORBETT (1955), das etwas von dem von G. RUDAKOW veröffentlichten abweicht. Außerdem ist die in Abb. 2 gleichfalls von C. S. CORBETT veröffentlichte Kartenskizze besonders bemerkenswert, da sie sehr deutlich die Lage der Ölsande zwischen der Geosynklinale und dem Abbruch des kristallinen Schildes zeigt. In einem Aufsatz „Zur Genese der Teersande" (1955) hat Verf. die damals auseinandergehenden Ansichten von kanadischen und USA-Kollegen über die Genese der Ölsande am Athabasca-See dargelegt. RUDAKOW meint, daß das Öl der Riffe von Leduc und Redwater sowie der Ölsande von McMurray verschiedener Herkunft sein müßte, weil eine laterale Migration nicht möglich gewesen sei. Während sich G. RUDAKOW hiermit den „Insituisten" nähert, gehören W. C. GUSSOW (1955), J. C. SPROULE (1955) u. a. zu den „Migrationisten". „Der wichtigste Differenzpunkt zwischen den Ansichten der beiden

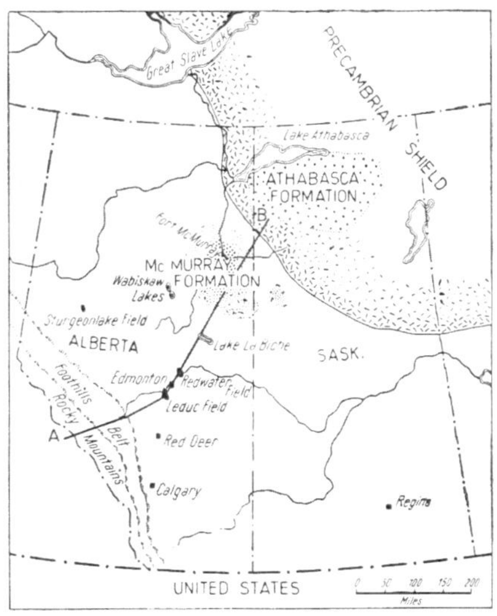

Abb. 2. Lagerung der McMurray-Ölsande in Alberta und Saskatchewan zwischen kristallinem Schild und Geosynklinale (nach CORBETT 1955)

A — B Profillinie der Abb. 1

wissenschaftlichen Richtungen ist die Frage der Migrationsmöglichkeit" (E. LANGE 1955, S. 127). Abb. 3 zeigt die durch neue Erkenntnisse etwas modifizierte Abbildung der damaligen Veröffentlichung des Autors.

In der Geosynklinale sinken die genetisch in den Sedimenten eingeschlossenen organischen Reste von oben nach unten, gelangen zusammen mit den in ihnen auftretenden Spuren von Mikronaphtha (N. B. WASSOJEWITSCH 1960) in ein geochemisches Milieu mit Temperaturen über 120° C und Drücken von 400 at und darüber. Unter diesen geochemischen Umständen können sich gasförmige Erdöl/Erdgasgemische bilden. Unter der ungeheueren tektonischen Beanspruchung, die im Zentrum der Geosynklinale herrscht, werden diese kondensathaltigen Gase mit großer Gewalt unter Überdruck aus ihr herausgepreßt. Sie können in der Tiefe weder zum kristallinen Schild noch zum Orogen hin entweichen; denn dort treffen sie vorwiegend auf metamorph-kristalline, nichtpermeable Gesteine. Günstige Porosität und Permeabilität beherrschen dagegen die Sedimentpakete vor allem in der Tiefe, wo es für hochgespannte Gase keine undurchlässigen nichtmetamorphen Sedimentgesteine geben kann.

Noch ein Wort zu den Vorgebirgsgürteln! Im Kern der Orogene, etwa in den Zentralgebieten des Kaukasus, Urals, der Anden oder der Rocky Mountains, wird niemand nach Erdöl oder Erdgas suchen und bohren. Sie bestehen aus kristallinen und hochmetamorphen Gesteinen oder aus solchen, die zwar keiner starken Metamorphose, aber so weitgehenden Faltungen und Zerrüttungen ausgesetzt waren, daß in ihnen ehemals vorhanden gewesene fluide Kohlenwasserstoffe entwichen sind.

Diese orogenen Körper wirken aber als Stauer für Gase und Öle, die in ihren Vorländern viele Millionen Jahre hindurch migrieren bzw. migrierten.

Die Gaslagerstätten am Fuße der Pyrenäen (Lacq), der Alpen (Po-Ebene) und der Karpaten, die Öllagerstätten am Westabhang des Urals und auf der Apscheron-Halbinsel sowie zahlreiche andere große KW-Akkumulationen sind mit durch solche Aufstauungen migrierender Gase und Öle entstanden. Viele Gürtel der Vorberge und Vortiefen um Orogene sind infolge der Stauwirkung, die die nichtpermeablen Gesteine des Orogens hervorrufen, ganz besonders erdöl- oder erdgashöffig.

So wird in der Alberta-Synklinale die Richtung von der Geosynklinale zum kristallinen Schild entsprechend dem Generaleinfallen der Schichtfugen der großen Sedimentpakete zur Hauptmigrationsrichtung. Derartige Migrationsrichtungen kündete I. O. BROD (1958, S. 259) an:

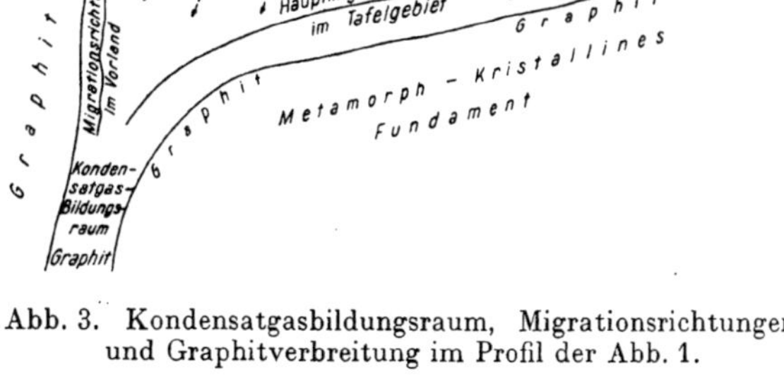

Abb. 3. Kondensatgasbildungsraum, Migrationsrichtungen und Graphitverbreitung im Profil der Abb. 1.

„Die Verlagerung der in den schlammigen Gesteinen befindlichen beweglichen Substanzen auf bedeutende Entfernung vollzieht sich vom Gebiet der stärksten Absenkung und Verdichtung aus nach Gebieten mit geringerer Verdichtung hin. Bei der Bildung mächtiger Sedimente verläuft dieser Prozeß für jede große geschlossene, als Sedimentationsbecken dienende Senke der Erdkruste vom Zentrum nach dem Rande der Senke hin."

Beim Übergang aus den Tiefen der Geosynklinale in höhere Stockwerke entspannen sich die kondensathaltigen Gase, und ihre entsprechenden Bestandteile bilden die klassischen Typen von Erdöl-, Erdgas- und Erdöl/Erdgaskappenlagerstätten, die allgemein bekannt waren, ehe die Erdölerkundung bis in den Bereich der kondensathaltigen Naßgase vorgedrungen war. Die durch die ständig zunehmende Zahl von Tiefbohrungen gewonnene Erkenntnis, daß unter den klassischen Lagerstätten, die typisch für die oberen Stockwerkteile der Erdkruste sind, in tieferen Stockwerken verbreitet kondensathaltige Erdöl/Erdgasgemische lagern, ist von großem ökonomischem Wert.

Selbstverständlich werden bei einer stratigraphischen Situation, wie sie das CORBETTsche Profil zeigt, kavernöse Riffe Erdöl und Erdgas auffangen und festhalten, Brüche, Verwerfungen und Klüfte sie in vertikale oder diagonale Richtungen lenken. Es werden sich Lagerstätten in porösen Sandsteinen, klüftigen Dolomiten, kavernösen Riffen und anderen Fallen bilden.

Dort, wo die Erdöle ausbeißen, können durch Oxydation Ölsande entstehen. W. C. GUSSOW (1955, S. 1629) vergleicht daher die unweit des Tafelrandes auftretenden schweren Asphaltöle der McMurray-Sande mit den Teersanden in den Arbuckle-Bergen von Oklahoma, den Santa-Rosa-Ablagerungen von Neumexiko, den zahlreichen Ölsandvorkommen von Kalifornien, den sehr schweren Asphaltölen in den oberen Sanden des Maracaibo-Beckens und den „Teer"-Gürteln längs der Ausbisse des Orinoco-Beckens in Venezuela. Sie sind nach ihm, ähnlich wie die McMurray-Ölsande, auf Oxydation von leichten Ölen zurückzuführen. GUSSOW vertritt weiter die Ansicht, daß die McMurray-Ölsande in einer stratigraphischen Falle gebildet wurden und daß in ihnen leichte Öle, wie sie in den karbonischen und permischen Riffen Albertas auftreten, oxydiert wurden. Somit würde sich in den asphaltischen Ölsanden von McMurray, den leichteren Rohölen der Riffe von Redwater und Leduc und den kondensathaltigen Gasen im Tiefenbereich der Geosynklinale die tektonische Dreiheit von Tafel, Geosynklinale und Orogen widerspiegeln.

Migration, Klüfte und Spalten

Jede Migrationsrichtung, ob vertikal, horizontal oder diagonal, wird von der jeweiligen Lagerung, vorwiegend vom Streichen und Fallen der Sedimentschichten und der in ihnen auftretenden Schichtfugen, Poren und Klüfte bestimmt. Brüche wirken auf die Migrationsrichtung ein, sie können diese z. B. von der horizontalen in eine diagonale oder vertikale Richtung umlenken. Brüche und Verwerfungen können nicht nur die Migration lenken, sondern gleichzeitig auch Fallen bilden, weil sich an ihnen etwa infolge verschiedener Permeabilität der gegeneinander verworfenen Schichten Erdöle und Erdgase stauen können. An solche Verwerfungen gebunden sind z. B. Gaslagerstätten im Alpenvorland der Bayrischen Molasse.

Ebenso wie kleinere Verwerfungen wirken große Brüche, unter ihnen auch die die gegenwärtige Mor-

Zeitschrift für angewandte Geologie (1961) Heft 7

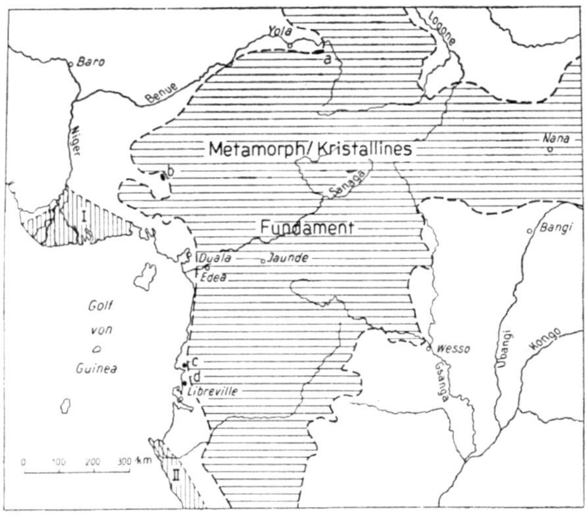

Abb. 4. Kristalliner Schild zwischen Niger und Kongo mit kretazischen Kohlenwasserstoffausbissen, Erdölfeldern und den morphologisch sichtbaren Bruchrändern zwischen Schild und Schelf (gestrichelte Linie).

I — südnigerische, II — gabunische Erdölfelder; a — Erdölausbisse in Dolomiten, schwarze bituminöse Fischschiefer, b — Asphaltschiefer, bituminöse dunkle Schiefer mit Zinkblende, c — Asphalt-Tonschiefer, z. T. mit sulfidischen Erzen, d — brennbare graue Ölschiefer mit Bleiglanz

phologie der Erdkruste maßgeblich bestimmenden Disjunktionen, die mehr starre Tafeln und kristalline Schilde gegen ihre mehr beweglichen Vorländer oder submarinen Schelfteile abgrenzen. Durch solche Tiefenbrüche (oder auch durch Flexuren) wird z. B. der im Hinterland des Golfs von Guinea zwischen Kongo und Niger liegende kristalline Schild im Norden (Tschad, Kamerun, Ostnigeria) und im Westen (Nigermündung, Atlantikküste, Gabun) begrenzt (Abb. 4). Die großen Brüche bewirken, daß die Sedimentpakete der heutigen Tiefländer und flachen Schelfmeere an die metamorph-kristallinen Gesteine der heutigen Hochländer des Schildes angrenzen. Der Schild ist frei von Erdöl- und Erdgasspuren. Seine Gesteine sind außerordentlich gestört, durcheinandergeknetet und von zahlreichen tektonischen Störzonen sowie alten und jungen Vulkanismen durchsetzt. Innerhalb des Schildes sind Synklinalen vermutlich präkambrischen Alters erkennbar. Als Auswirkung jungen Vulkanismus (jüngere Kreide bis Jetztzeit, Schwerpunkt Jungtertiär bis Pleistozän) tritt an zahlreichen Stellen des Fundamentes Kohlensäure aus. Die von W. B. PORFIRJEW (1960, S. 37) wiedergegebene Übersichtsskizze über die großen Bruchlinien des afrikanischen Kontinents gibt ein falsches Bild für Westafrika; von der Unzahl der Bruchlinien und tektonischen Störungen, die den kristallinen Schild am Golf von Guinea durchsetzen, ist auf ihr nichts wahrzunehmen.

Sowie man vom Hochland des Schildes herabgestiegen ist, stößt man am Grunde der gegenwärtig morphologisch hervortretenden Steilränder, die die Disjunktionen deutlich an der Tagesoberfläche markieren, auf bituminöse Gesteine. Diese Ausbisse, z. B. Erdölspuren in Dolomiten (E. LANGE 1956) und schwarze Fischschiefer am Nordabfall des Hochlandes von Adamaua, schwarzglänzende, z. T. asphaltische und schwarzbraune zinkblendehaltige (bis ca. 20% ZnS) bituminöse Schiefer am Cross-Fluß im UNO-Gebiet Westkameruns, Asphaltschiefer (Abb. 5) und bituminöse Blasenschiefer am Rio Benito in Spanisch-Muni, graue brennbare Ostracoden-Ölschiefer mit Bleiglanzfunken und -linealen im NW Gabuns, liegen sämtlich in der Nähe großer weitreichender Bruchlinien. Diese haben jeweils den kristallinen Schild oder die Tafel gegen den beweglicheren Schelf als Übergang zu den einstigen Synklinalen der heutigen Bucht von Guinea, der heutigen Täler des unteren Niger und des Benuë, der heutigen Tschadsee-Senke als Teilbecken der riesigen höffigen Wüstengebiete von Algerien bis zur Republik Tschad und von Somaliland bis zur Senegal-Mündung verworfen. Die kohlenwasserstoffhaltigen Anhäufungen (Abb. 4) treten dort nicht deshalb auf, weil an den Tiefenbrüchen fluide Kohlenwasserstoffe aus dem kristallinen Fundament an die Tagesoberfläche wanderten, sondern weil sie genau analog zu den Verhältnissen im Bereich der Alberta-Geosynklinale in den Poren und Spalten der Sedimente migrierten und in Fallen und Strukturen beliebiger Art eingefangen wurden. Dabei wirken die großen Disjunktionen am Rande der kristallinen Schilde, diese Scharniere zwischen mehr starrer Tafel und beweglicherem Vorland, genau so als Fallenbildner wie die Flächen großer transgressiver Diskordanzen. Disjunktion und Diskordanz können beide verursachen, daß Gesteine guter Permeabilität neben solche mit schwacher oder sogar fehlender Permeabilität zu liegen kommen. Dadurch können Fallen an Bruchlinien und an Tiefenbrüchen genauso entstehen wie an Diskordanzen, die ausgehende sedimentäre Schichten geköpft, mit undurchlässigen Schichten eingedeckt und dadurch ideale Fallen gebildet haben, wenn später aus den liegenden Sedimenten Kohlenwasserstoffe in sie eingewandert sind.

Bildungszeit der Akkumulationen

Der neuerliche Hinweis von G. RUDAKOW, daß zahlreiche Erdöl- und Erdgasakkumulationen von jugendlichem Alter sind und daß sie in im Devon auftretenden Strukturen und Fallen erst während des Tertiärs erfolgten, ist außerordentlich wertvoll. Weiter erscheint die oft gemachte Beobachtung wichtig, daß übereinanderliegende ölführende Horizonte verschiedener stratigraphischer Formationen ihre Kohlenwasserstoffe aus einer einheitlichen Tiefenquelle erhalten haben können. Diese liegt dann in den Sedimentpaketen dort, wo über der regionalen Front der kristallinen Schiefer, also oberhalb der Phyllitbildungszone, Sedimente metamorphosiert werden.

Wo also großräumige Senkungsvorgänge verlaufen, müssen sich in der Tiefe als Umwandlungsprodukte organischer Bestandteile flüchtige Kohlenwasserstoffe bilden; denn durch die Senkungen kommen Sedimente mit syngenetischen Einschlüssen organischer Reste und mit dispers verteiltem Mikronaphtha in ein geochemisches Milieu, das infolge seiner Temperatur/Druckverhältnisse Gas/Ölgemische entstehen läßt. Große tektonische Beben (wie bei Agadir und Lissabon, bei San Francisco und an der chilenischen Küste) sind eindeutige Auswirkungen von Tiefenvorgängen, die Krustenteile gegeneinander verschieben und dabei gleichzeitig durch Absenkungen Sedimente in Bereiche mit höheren Wärmegraden und Drücken bringen, in denen sich dann kondensathaltige Öl/Gasgemische verschiedenster Art, je nach der Stockwerktiefe und der geothermischen Tiefenstufe bilden müssen. In diesen rezenten Senkungsgebieten entsteht das jüngste, das rezente Erdöl, oder besser gesagt, entstehen rezente kondensathaltige Öl/Gasgemische als seine Vorstufe.

Die rezent entstehenden flüchtigen Kohlenwasserstoffe werden also beständig aus den rezenten Senkungsgebieten gespeist und wurden das von jeher in allen Formationen seit dem jüngeren Präkambrium. Das älteste Erdöl müßte also, wenn es keine tektonischen Störungen, Strukturen und Migrationsmöglichkeiten gäbe, theoretisch über dem jüngsten lagern, d. h. in genau umgekehrter Reihenfolge, in der sich die stratigraphischen Formationen ablagerten. Wenn sich das Erdöl in dem devonischen Riff von Leduc in der Kreide oder im Tertiär akkumulierte, wenn dazu jugendliches Alter der Akkumulationen im westlichen Texas, in Kirkuk und Ischimbai wahrscheinlich ist (G. RUDAKOW 1961), so zeigt das deutlich, daß nur weiträumige Migrationen aller möglichen Richtungen zu solchen Kohlenwasserstoffanhäufungen führen konnten.

Die Annahme PORFIRJEWs, daß nur in zwei Zeitepochen, nämlich im Präkambrium und im Tertiär, eine Erdöl- und Erdgasbildung stattgefunden haben könnte (1960, S. 36), ist abzulehnen und dahin zu erweitern, daß seit dem Präkambrium bis in die Jetztzeit überall dort Erdöl/Erdgasgemische, Erdöl und Erdgas entstanden, wo großtektonische Senkungen von Krustenteilen stattfanden.

Die Anerkennung einer weitreichenden Migrationsmöglichkeit, die, im großen gesehen, erst an den Gesteinen des kristallin-metamorphen Fundamentes oder den Zentralzonen der Orogene ihr Ende findet, ist die Voraussetzung für die Erkennung des Ablaufes der Akkumulationen. Wohin eine Ablehnung weiträumiger Migrationsmöglichkeiten führen kann, zeigt die Tatsache, daß der Arabian Oil Company Staff noch 1959 behauptete (s. Lit.), die imposante Ölakkumulation der saudiarabischen Ghawar-Lagerstätte sei „in den Gesteinen entstanden, in denen sie heute gefunden wird". Wörtlich heißt es S. 153: „It is presumed that upper Jubaila and Arab D oil originated in general in the rocks in which it is now found." An dieser altertümlichen syngenetischen Vorstellung ändert sich nichts, wenn auf S. 143 steht: „The oil volume forces an assumption uf substantial lateral migration." (Die Größe der Ölakkumulation verlangt die Annahme einer beträchtlichen lateralen Migration.) Auch die Aramco wird die weiträumige Migrationsfähigkeit von Erdöl einmal für die Ghawar-Lagerstätte anerkennen und ihrem Landsmann K. K. LANDES (1951, S. 631) recht geben müssen:

„A considerable body of the oil lies at greater depths than those so far explored in most oil fields. No sedimentary section can be considered to be completely explored until many wells have entered the basement rock . . . None of the sedimentary basins not productive have been thoroughly explored; some have not been explored at all." (Ein erheblicher Teil der Ölvorräte liegt in größeren Tiefen als denjenigen, aus denen in den meisten Ölfeldern produziert wird. Kein Sedimentpaket kann als vollkommen untersucht gelten, solange nicht viele Sonden das kristalline Fundament erreicht haben. . . . Keins der bisher nicht produzierenden Becken ist gründlich untersucht; in einigen hat man mit der Erkundung überhaupt noch nicht begonnen.)

Die gleiche Feststellung trifft A. N. SNARSKY (1961, S. 2):

„In vielen erdöl- und erdgasführenden Provinzen wird das erforschte Stockwerk der Erdölführung durch die technisch erreichbare Teufe und nicht durch den tatsächlichen Ausdehnungsbereich der Erdölführung nach der Tiefe zu bestimmt. Solange durch Bohrungen keine metamorphen und kristallinen Gesteine des Sockels angetroffen worden sind, kann die Erkundung nach der Tiefe nicht als abgeschlossen betrachtet werden."

Nicht nur Gase (Kohlensäure, Schwefelwasserstoff, Stickstoff, Methan), sondern auch Wasser und Laugen in überkritischem Zustand mit Kohlenwasserstoffen und emanationsartige Stoffströme mit Alkalien, erzbringenden Salzen (A. I. TUGARINOW & A. W. SMEJENKOWA 1961) und den Grundstoffen zur Albitisierung, Quarzitisierung, Serizitisierung, Karbonatisierung, Anhydritisierung usw. beladen, migrieren in der Tiefe der Sedimentpakete innerhalb und oberhalb der Phyllitzonen. Manche ihrer Migrationswege finden erst an den Gesteinen des kristallinen Fundamentes ihr Ende. Ein Übersehen weiträumiger Migrationsfähigkeit, ganz gleich, in welcher Richtung die Migration verlaufen sein mag, läßt ein Erkennen des Ablaufes der Akkumulationsvorgänge nicht zu.

Im Mündungsgebiet des Rio Benito, der in den Golf von Guinea fließt, treten wahrscheinlich zur mittleren Kreidezeit entstandene Tonschiefer auf, die zu beweisen scheinen, daß schon damals Erdölausbisse submarin im Flachmeer vorhanden gewesen sein müssen. Das Gestein (Abb. 5) zeigt Wechsellagerungen zwischen glänzendem splittrigem Asphalt und einem etwas sandigen grauen Tonschiefer mit Fischabdrücken. Die syngenetische Entstehung dieser Wechsellagerung aus kretazischem Schiefer und asphaltischen Kohlenwasserstoffen ist offensichtlich. Die heutigen Erdölausbisse in den sedimentären Küstenstreifen am Golf von Guinea stehen mit diesen fossilen Ausbissen in keinerlei zeitlichem Zusammenhang.

Aber beide besitzen eine genetische Zusammengehörigkeit. Beide gehen auf die Bruchbildung zwischen kristalliner Tafel und Schelf zurück. Beide bezogen — ähnlich wie die Riffe von Alberta aus der Geosynklinale — ihre Kohlenwasserstoffe aus dem Senkungsgebiet des heutigen Golfes von Guinea. Sie taten das zur Kreidezeit, während des Tertiärs und tun es noch heute.

Die Ansicht der „Anorganiker", daß das Erdöl irgendwo in der Tiefe entstanden ist, führt bei einigen zu der Annahme, daß Erdölakkumulationen lediglich aus Tiefenbrüchen stammten, die Gas und Öl gewissermaßen als natürliche Pipelines aus dem Kristallin in die Speichergesteine gefördert hätten. Eine solche Ansicht schränkt die Erdölhöffigkeit weiter Gebiete der Erdkruste außerordentlich ein. Für die dem westafrikanischen Schild zwischen Kongo und Niger angelagerten Sedimentpakete kann diese Theorie kaum praktische Hinweise geben. Erkennt man dagegen, daß die Bruchränder des Schildes zu den verschiedensten Epochen der Erdgeschichte als Staudamm für migrierende Gase und Öle wirkten, daß dieser Schild, wie auch die anderen im Sudan und in der Sahara auftretenden Schilde, Orogene und vulkanischen Massive lediglich der Migration Einhalt geboten, dann erkennt man die großen Perspektiven, die sich für die weiträumigen Sedimentärbecken Afrikas nördlich des Äquators ergeben. Es folgt daraus, daß in den aus sedimentären nichtmetamorphen Gesteinen bestehenden Küstenstreifen des Golfes von Guinea (mit ihrer bereits beträchtlichen Erdölproduktion in Südnigeria und Gabun), in den von Sedimentpaketen bedeckten Teilen Nigerias, in den Republiken Ubangi-Schari, Tschad, Sudan, Niger, Volta, Mali, Senegal, Mauretanien usw. erdölhöffige Gebiete großen Ausmaßes vorliegen müssen. Nicht, wie G. RUDAKOW meint, gehören Disjunktion und vertikale Migration besonders eng zusammen, sondern Disjunktion und Fallenbildung bilden häufig den Zusammenhang zwischen Tiefenbrüchen und Kohlen-

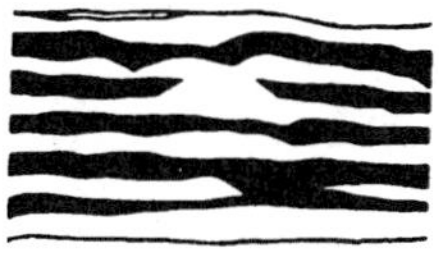

Abb. 5. Asphalt-Tonschiefer von der Mündung des Rio Benito, wahrscheinlich Mittlere Kreide

schwarz – Asphalt, weiß – grauer Tonschiefer mit Fischresten

wasserstoff-Akkumulationen am Rande von Tafeln oder Orogenen. Von diesem Gesichtspunkt aus kann man die Erdölhöffigkeit weiter Gebiete beurteilen, selbst wenn über die Lage und Tiefe ihrer einzelnen Synklinalen sowie über die Mächtigkeit ihrer Sedimentpakete wegen des Fehlens von Tiefbohrungen noch kaum etwas Eingehenderes bekannt ist. Denn die Bitumenausbisse an den Bruchrändern der kristallinen Schilde sprechen in solchen Fällen eine sehr deutliche und eindeutige Sprache. Die energiewirtschaftliche Zukunft der genannten und noch einiger anderer afrikanischer Republiken hängt eben zu einem wesentlichen Teil von der Beurteilung ihrer Erdöl- und Erdgasperspektiven und der ihr folgenden gut fundierten Erkundung und Förderung ab.

Das gleiche gilt für alle großen Sedimentärbecken der Erdkruste, was A. N. Snarsky (1960, S. 480) folgendermaßen präzisierte: „Das Grundproblem in der Erdölgeologie bildet die Entstehung großer Erdöl- und Erdgasansammlungen. Erst, wenn dieses gelöst ist, wird es möglich sein, immer die richtigen Methoden beim Aufsuchen und Erkunden von Lagerstätten anzuwenden.“

Eine möglichst reale Beurteilung der Höffigkeit und des Höffigkeitsgrades von Erdölbecken ist eine hochpolitische Angelegenheit. Aus diesem Grunde strebt unsere Zeitschrift an, Klarheit auf diesem Spezialgebiet unserer Wissenschaft zu schaffen, und begrüßt jede weitere Beteiligung an der Diskussion über Genese, Migration und Akkumulation von Erdgas und Erdöl und über ihre Beziehungen zu großtektonischen Oszillationen.

Zusammenfassung

Die Veröffentlichung von G. Rudakow über die Bildung von Erdöllagerstätten in Riffen nimmt der Autor zum Anlaß, seine Ansichten über weiträumige Migration und die Stauwirkung, die an den Rändern von Orogenen und kristallinen Schilden auftreten, zu entwickeln. Am Beispiel des zwischen Kongo und Niger gelegenen kristallinen Schildes im Hinterland des Golfes von Guinea wird gezeigt, wie Disjunktionen seit der Mittleren Kreide bis zur Jetztzeit als Fallenbildner wirkten.

Резюме

Опубликование Г. Рудакова об образовании нефтяных месторождений в рифах служит поводом для автора излагать свое мнение об обширной миграции, а также о запруживании, наблюдаемом на окраинах орогенов и кристаллических щитов. На примере расположенного между реками Конго и Нигер кристаллического щита за Гвинейским заливом показывается, каким образом дизъюнктивные нарушения со среднего мела до настоящего времени действовали в качестве образователей ловушек.

Summary

The author avails himself of the article published by G. Rudakow on the formation of petroleum deposits in reefs to develop his views of large-area migration and compression appearing at orogenic margins and crystalline shields. The example of the crystalline shield between Congo and Niger in the hinterland of the Gulf of Guinea is given to show the effect of disjunctions as trap forming places from the Middle Cretaceous to the present time.

Literatur

Arabian Oil Company Staff, Ghawar Oilfield, Saudi-Arabia. League of Arab. States. First Arab. Petroleum Congress Cairo, April 1959, Collection of Papers submitted to the Congress. – Vol. II, Prospection and Production of Petroleum, Cairo 1960, S. 143–154.

Brod, I. O.: Geologische Voraussetzungen für das Aufsuchen neuer Öl- und Gasgebiete in der UdSSR. – Z. angew. Geol., **4**, S. 257–265 (1958).

Corbett, C. S.: In situ Origin of McMurray Oil of northeastern Alberta and its relevants to general problems of origin of oil. – Bull. Am. Ass. Petr. Geol., **39**, S. 1601–1621, 1636–1649 (1955).

Gussow, W. C.: Discussion of „In situ origin of McMurray oil“. – Bull. Amer. Ass. Petr. Geol., **39**, S. 1625–1631 (1955).

Jacob, H.: Über bituminöse Schiefer, humose Tone, Brandschiefer und alkalische Gesteine. – Erdöl und Kohle, Erdgas und Petrochemie, **14**, S. 2–11 (1961).

Landes, K. K.: Petroleum Geology. – New York 1951.

Landes, K. K., L. J. Amoruso, L. J. Charlesworth, F. Heany & P. J. Lesperance: Petroleum Resources in Basement Rocks. – Bull. Am. Ass. Petr. Geol., **44**, S. 1682–1691 (1960).

Lange, E.: Zur Genese der Teersande. – Z. angew. Geol., **1**, S. 125–128 (1955).

– Zur Geologie der Tschadsee-Senke. – Z. angew. Geol., **2**, S. 490–497 (1956).

– Über Genese des Sahara-Erdöls und Erdgases. – Problema Proichoshgenija nefti i gasa i uslowija formirowanija ichs aleshej, S. 334–336, Moskau 1960.

Porfirjew, W. B.: Über die Natur des Erdöls. – ibid. S. 26–41.

Rudakow, G.: Erdöllagerstätten in Riffen. – Z. angew. Geol., **7**, S. 337 bis 340 (1961).

Snarsky, A. N.: Geologische und physikalische Verhältnisse bei der Bildung von Erdöl- und Erdgaslagerstätten. – Z. angew. Geol., **6**, S. 480–486 (1960).

– Verteilung von Erdgas, Erdöl und Wasser im Profil. – Z. angew. Geol., **7**, S. 2–8 (1961).

Sproule, J. C.: Discussion of „In situ origin of the McMurray oil“. – Bull. Am. Ass. Petr. Geol., **39**, S. 1632–1636 (1955).

Tugarinow, A. I. & A. W. Smejenkowa: Die Herkunft der Erze bei der endogenen Lagerstättenbildung. – Z. angew. Geol., **7**, S. 109–113 (1961).

Wassojewitsch, N. B.: Mikronaphtha. – Z. angew. Geol., **6**, S. 486–489 (1960).

Neue sowjetische Erdöl-Erdgas-Vorratsklassifikation

Klassifikation der Vorräte der Erdöl- und Erdgaslagerstätten

(Gültig seit dem 21. April 1959)

A. Allgemeine Bestimmungen

1. Die Vorratsklassifikation der Erdöl- und Erdgaslagerstätten (-lager) legt einheitliche Prinzipien der Berechnung und Bilanzierung von Erdöl- und Erdgasvorräten in den Lagerstätten sowie die Grundsätze der Bestimmung des Vorbereitungsgrades der Vorräte zur industriellen Nutzung in Abhängigkeit vom Erforschungsgrad der Lagerstätten (Lager) fest.

   Bemerkung: In den folgenden Punkten dieser Klassifikation bedeutet „Lagerstätte“ auch „Lager“.

2. Bei der Bestimmung der Erdöl- und Erdgasvorräte der Lagerstätten sind unbedingt alle in ihnen enthaltenen wertvollen Begleitkomponenten (Kondensat, Helium u. a.) zu berechnen und zu bilanzieren.

3. Die Vorräte an Erdöl, Erdgas und der in ihnen enthaltenen Begleitkomponenten werden in zwei Gruppen, die getrennt zu bilanzieren sind, unterteilt:

   Bilanzvorräte — die den Industriekonditionen und bergbautechnischen Bedingungen der Exploitation genügen;

   Außerbilanzvorräte – deren Abbau infolge beschränkten Umfanges der Vorräte, niedriger Qualität des Erdöls und des Erdgases, geringer Produktivität der Sonden, besonders komplizierter Exploitationsbedingungen zur Zeit unrentabel ist, die jedoch als Objekt einer zukünftigen industriellen Nutzung angesehen werden können.

   Bei den Bilanzvorräten an Erdöl und Kondensaten werden ausbringbare Vorräte ausgesondert, bilanziert und registriert, d. h. Vorräte, die bei vollster und rationellster Anwendung der gegenwärtigen Technik ausbringbar sind.

   Die ausbringbaren Vorräte des im Erdöl gelösten Gases aus Lagerstätten mit Wasserdruckregime werden durch die ausbringbaren Erdölvorräte, bei Lagerstätten mit anderen Regimen nach den Bilanzvorräten des Erdöls bestimmt und berechnet.

   Die Industriekonditionen sowie der Koeffizient der Ausbringbarkeit von Erdöl, Erdgas, Kondensaten und Begleitkomponenten werden durch technisch-wirtschaftliche Berechnungen begründet und nach der bestehenden Ordnung bestätigt.

4. Die Erdöl- und Kondensatvorräte werden in Tausend t berechnet und bilanziert; die Erdgasvorräte — in Mill. m^3, umgerechnet auf Nm^3 (bei 1 at und 20° C).
5. Die Charakteristik der Qualität des Erdöls, des Erdgases und der in ihnen enthaltenen Begleitkomponenten erfolgt unter Berücksichtigung ihrer Bestimmung, der Verarbeitungstechnologie sowie der Notwendigkeit einer möglichst vollständigen und komplexen Nutzung.
6. Die Anwendung dieser Klassifikation auf die einzelnen Typen der Erdöl- und Erdgaslagerstätten wird durch die Instruktion der Staatlichen Vorratskommission für nutzbare Bodenschätze beim Ministerrat der UdSSR (GKS) festgelegt.

B. Vorratskategorien

7. Die Vorräte der Erdöl- und Erdgaslagerstätten werden entsprechend ihrem Erforschungsgrad in vier Kategorien, A, B, C_1 und C_2, eingeteilt, die durch folgende Bedingungen bestimmt werden.

Kategorie A: eingehend erkundete Vorräte, die auf Flächen berechnet wurden, welche durch Bohrungen mit industriellen Erdöl- und Erdgaszuflüssen begrenzt werden; für Gaslagerstätten außerdem nach den Angaben von Produktionsversuchen zuverlässig festgestellte Vorräte. Auf Grund der Angaben der Erkundung und der Forschungsarbeiten wurden eingehend untersucht: die Lagerungsverhältnisse, der Charakter der Veränderung der Speichereigenschaften, die Erdöl- und Gassättigung der produktiven Schichten, die qualitative und quantitative Zusammensetzung des Erdöls und Gases und andere Berechnungsparameter sowie die grundlegenden Kennziffern, welche die Abbauverhältnisse der Lagerstätte bestimmen (Schichtenregime, Produktivität der Bohrungen, Druck, Durchlässigkeit der Speichergesteine).

Kategorie B: Vorräte auf Flächen, deren industrielle Erdöl- und Erdgasführung durch Bohrungen mit günstigen Karottageergebnissen sowie durch industrielle Erdöl- und Erdgaszuflüsse in nicht weniger als zwei Bohrungen bewiesen ist, die das produktive Lager auf verschiedenen Isohypsen aufgeschlossen haben. Die Lagerungsverhältnisse, der Charakter der Veränderung der Speichereigenschaften, die Erdöl- und Erdgassättigung der produktiven Schichten und andere Berechnungsparameter sowie die grundlegenden Kennziffern, welche die Abbaubedingungen der Lagerstätte bestimmen, sind für die ganze Lagerstätte annähernd untersucht worden. Die Gesamtzusammensetzung des Erdöls und Erdgases wurde bestimmt.

Unter den genannten Verhältnissen gehören bei Lagerstätten, die an ungestörte oder schwachgestörte Strukturen und lithologisch einheitliche Schichten mit einfachem Bau gebunden sind, solche Vorräte zur Kategorie B, die innerhalb der Isohypse berechnet wurden, die dem untersten Punkt der Schicht entspricht, aus dem industrieller Erdöl- und Erdgaszufluß durch Bohrungen erhalten wurde.

Bei Lagerstätten mit kompliziertem geologischem Bau, mit schroffen lithologischen Veränderungen der Speichergesteine gehören solche Vorräte zur Kategorie B, die auf Flächen berechnet wurden, die durch Bohrungen mit Probendaten und günstigen Karottageergebnissen begrenzt werden.

Kategorie C_1: Vorräte der Lagerstätten, für welche die Lagerungsverhältnisse des Erdöls und Erdgases nach den Daten geologischer Such- oder geophysikalischer Arbeiten ermittelt wurden; die Speichereigenschaften der produktiven Gesteine und die Berechnungsparameter sind nach einzelnen Bohrungen oder in Analogie zu benachbarten erkundeten Lagerstätten festgelegt worden, wobei auf der einzuschätzenden Fläche wenigstens aus einer Bohrung industrieller Erdöl- oder Erdgaszufluß erhalten wurde. Zur gleichen Kategorie gehören Vorräte auf Flächen, die unmittelbar an Lager mit Vorräten höherer Kategorien angrenzen, sowie Erdöl- und Erdgasvorräte in Schichten, die durch die Karottage günstig charakterisiert wurden und sich im Bereich der Lagerstätte zwischen solchen Lagern befinden, aus denen industrielle Erdöl- und Erdgaszuflüsse erhalten wurden.

Kategorie C_2: Erdöl- und Erdgasvorräte neuer Strukturen erdöl- und erdgasführender Provinzen in Schichten, deren Produktivität in anderen Lagerstätten festgestellt wurde, sowie Erdöl- oder Erdgasvorräte bekannter Lagerstätten in einzelnen nichterkundeten tektonischen Blöcken und Schichten, deren Produktivität auf Grund günstiger geologischer und geophysikalischer Daten vorausgesetzt wird.

Die Bilanzvorräte an Kondensat, Helium und anderen Begleitkomponenten, darunter ausbringbare, sowie ihre Außerbilanzvorräte gehören zu den gleichen Kategorien, zu denen die Gasvorräte gehören, die diese Begleitkomponenten enthalten.

In erforderlichen Fällen werden für die Einschätzung der potentiellen Entwicklungsmöglichkeiten der Erdöl- und Erdgasindustrie für einzelne Gebiete die prognostischen Vorräte auf Grund allgemeiner geologischer Vorstellungen bestimmt.

C Der Vorbereitungsgrad der Vorräte für die industrielle Nutzung

8. Der Vorbereitungsgrad der Erdöl- und Erdgasvorräte als Grundlage der Projektierung des Abbaues von Lagerstätten und der Investitionen für betriebliche und industrielle Bauten wird durch das Mengenverhältnis der Bilanzvorräte an Erdöl oder Erdgas in den Kategorien A, B und C_1 entsprechend der nachstehenden Tabelle bestimmt:

Lagerstätten	In % von den Gesamtbilanzvorräten der Kategorien $A+B+C_1$					
	Erdöl und Gas-Erdöl			Gas (ohne industrielle Erdölvorräte)		
	A+B nicht weniger als	davon A	C_1	A+B nicht weniger als	davon A	C_1
Große	40	20	60	40	20	60
Mittlere	40	10	60	40	—	60
Kleine	30	—	70	20	—	80

Bemerkung: Zu den großen Lagerstätten gehören solche mit Vorräten über 50 Mill. t Erdöl oder über 30 Mrd. m^3 Gas; zu den mittleren — mit Vorräten von 10—50 Mill. t Erdöl oder von 5—30 Mrd. m^3 Gas; zu den kleinen — mit Vorräten bis 10 Mill. t Erdöl oder 5 Mrd. m^3 Gas.

Bei einzelnen Lagerstätten mit spezifischen Besonderheiten ist eine Abweichung vom angegebenen Grenzverhältnis der Vorräte hinsichtlich der Kategorien zulässig. Sie werden im Beschluß der Staatlichen Vorratskommission bei der Bestätigung der Vorräte dieser Lagerstätten für jeden einzelnen Fall gesondert festgelegt.

9. Bei Erdöl- und Erdgaslagerstätten, die auf Grund der in Pkt. 8 genannten Vorratsverhältnisse der Kategorien abgebaut werden, erfolgt die Überführung der Vorräte in höhere Kategorien hauptsächlich auf Grund der Bohr- und Untersuchungsergebnisse von Produktionsbohrungen und, erforderlichenfalls, auf Grund der Ergebnisse zusätzlicher Erkundungsbohrungen; bei Erdgaslagerstätten kann die Berechnung der Vorräte bei ihrer Überführung in höhere Kategorien nach der Methode des Druckabfalls durchgeführt werden.
10. Gaslagerstätten, die keine industriellen Erdölvorräte besitzen und in der Nähe von in Betrieb befindlichen Gasleitungen liegen, können auf Grund eines zeitweiligen technologischen Schemas für die Zeit bis zu zwei Jahren in Abbau genommen werden mit nachfolgender Bestimmung der Vorräte nach der Methode des Druckabfalls und ihrer Bestätigung durch die Staatliche Vorratskommission.
11. Zur Bestimmung der Entwicklungsperspektiven der Erdöl- und Gasindustrie werden neben den Vorräten der Kategorien A, B und C_1 auch die Vorräte der Kategorie C_2 bilanziert.

    Bemerkung: Die Vorratskategorien der Erdöllagerstätten, die durch Tief- oder Tagebaue abgebaut werden sollen, werden entsprechend der Klassifikation für Lagerstättenvorräte fester nutzbarer Bodenschätze bestimmt.

Zur Hartsalzerkundung durch Übertagebohrungen in der Deutschen Demokratischen Republik

JOACHIM LÖFFLER, Halle

Die Kaliindustrie besitzt für die Volkswirtschaft der Deutschen Demokratischen Republik große Bedeutung. Zur Aufrechterhaltung und Steigerung der Produktion ist es notwendig, neue Vorräte zu erkunden. Hierbei handelt es sich neben einer Carnalliterkundung im wesentlichen um eine Hartsalzerkundung, da die meisten Kalifabriken auf Hartsalzverarbeitung eingestellt sind.

Die geologische Hartsalzerkundung bzw. die Hartsalzprognose ist jedoch z. Z. noch mit Schwierigkeiten verknüpft, da rund hundert Jahre nach Beginn des ersten Abbaus auf Kalisalze das Problem der räumlichen Verteilung von Hartsalz und Carnallitgestein in den deutschen Zechsteinsalzlagerstätten immer noch nicht endgültig gelöst ist.

Im folgenden soll versucht werden, die Grundlagen für die jetzige Erkundung auf Hartsalz zu analysieren und die Abhängigkeit der einzelnen Konzeptionen von den unterschiedlichen Möglichkeiten der Hartsalzentstehung zu zeigen.

Die geologische Erkundung von Kalisalzlagerstätten in der Deutschen Demokratischen Republik durch OT-Bohrungen (OT = über Tage) erfolgte in den ersten Jahren nach 1945 nur sporadisch. Auch in den folgenden Jahren wurden Tiefbohrungen meist nur in den Vorfeldern bauender Kaliwerke angesetzt, um den durch die Kriegsjahre vernachlässigten geologischen Vorlauf der Werke wieder zu sichern und deren Perspektive zu erweitern. Diese Art der Erkundung wird seit Anfang 1958 von der VVB Kali weitergeführt. Die Staatliche Geologische Kommission übernahm von da ab nach und nach (1960 erstmalig in vollem Umfang) ihre eigentliche Aufgabe, neue Lagerstätten zu erkunden, um die Vorratsbasis nicht nur der einzelnen Kaliwerke, sondern der gesamten Kaliindustrie zu erweitern.

Grundlagen der Hartsalzerkundung durch OT-Bohrungen

Grundsätzlich gelten für die Hartsalzerkundung die gleichen Bedingungen wie bei anderen verdeckten Flözlagerstätten. Wir unterscheiden mit E. KAUTZSCH (1959) zunächst

a) das Stadium der allgemeinen geologischen Erforschung (u. a. Sucharbeiten, Staatliche Geologische Kommission),

b) das Stadium der Vorerkundung (Staatliche Geologische Kommission),

c) das Stadium der speziellen Objekterkundung (bergmännisch, VVB Kali),

d) betriebsgeologische Arbeiten beim bergmännischen Gewinnungsvorgang (VVB Kali).

Jedes der vier Erkundungsstadien richtet sich nach dem Stand der Erforschung. Es hat sich in der Vergangenheit gezeigt, daß sich ein Überspringen eines der Stadien auf die folgende Erkundungsetappe nachteilig auswirken kann. Das trifft weniger für den grundsätzlichen Nachweis von Kalisalzen als für die Erkundung der qualitativen Ausbildung und der Teufenlage des Flözes zu.

Je genauer die Sucharbeiten durchgeführt werden, desto geringere Abweichungen der Bohrungen vom Vorprofil (die Toleranz beträgt 10%) sind zu verzeichnen. Neben dem geophysikalischen Nachweis sind zur Detaillierung der Triasausstriche unbedingt flache Kartierungsbohrungen erforderlich. Da in der Regel die Ausbißgrenze Unterer Buntsandstein — Mittlerer Buntsandstein gleichzeitig die Auslaugungsgrenze für Kalisalze darstellt, können, wenn eine abgedeckte geologische Karte der Tertiär- bzw. Pleistozänbasis vorliegt, Fehlbohrungen vermieden werden.

Die Erkundungsmethoden für Kalisalze richten sich innerhalb der einzelnen Stadien

1. nach dem Ziel der Erkundung, d. h. danach, ob die Übergabe einer neuen Vorratsfläche bzw. Lagerstätte oder die Erweiterung einer bestehenden Lagerstätte geplant ist;

2. besonders danach, ob die Vorräte möglichst als Hartsalz oder als Carnallitgestein übergeben werden sollen.

Dazu ist zu bemerken, daß durch OT-Bohrungen fast ausschließlich nur C_2-Vorräte übergeben werden können, um das Feld nicht zu „zerbohren", und daß dafür mindestens drei nicht auf einer Linie liegende Bohrungen erforderlich sind. Es werden z. Z. berücksichtigt:

a) die bekannten tektonischen Verhältnisse, d. h. der Verlauf von Sätteln, Mulden, Ablaugungsgebieten usw.,

b) die vermutete extrapolierte Teufenlage des Kalisalzflözes, oft unter Benutzung der Triasausstriche abgedeckter geologischer Karten (Bilanzvorräte werden bis 1200 m Teufe ausgewiesen),

c) die Zahl und die Ergebnisse benachbarter Bohrungen bzw. Grubenaufschlüsse,

d) die Markscheiden als derzeitige Grenzlinie für die Erkundung durch die VVB Kali und die Staatliche Geologische Kommission,

e) die bisherigen Erkundungserfolge für den Ansatz der Nachfolgebohrungen,

f) die Bedingung, daß eine Vorratsübergabe nur auf Grund von mindestens drei Bohrungen erfolgen darf,

g) die von der 2. Kaliinstruktion vorgeschriebenen Richtwerte für die Abstände der Bohrungen,

h) die vermutete oder bekannte qualitative Ausbildung der Staßfurt-Region,

i) die Gebiete ohne Ausweichmöglichkeiten für die Erkundung und

j) die Vorratslage der einzelnen Werke.

Die Vorerkundung bedient sich vielfach der geometrischen, schachbrettartigen Anordnung der Bohrungen.

Aus der 2. Kaliinstruktion sind die Richtwerte für die Abstände der Bohrungen ersichtlich. Für den Nachweis von C_1-Vorräten kommen OT-Bohrungen kaum in Frage, da bei diesen im allgemeinen die spezifischen Erkundungskosten zu hoch sind sowie bei geringen Bohrlochabständen die Aus- und Vorrichtungsarbeiten erschwert und die Verluste durch die Bohrlochsicherheitspfeiler zu groß werden. Bei einem Bohrlochabstand von 1800 m beträgt der Verlust durch die Sicherheitspfeiler allerdings nur 0,25%.

Abhängigkeit der Hartsalzerkundung von der Hartsalzgenese

Die Hartsalzerkundung konnte bisher in Ermangelung allgemeingültiger Regeln und Gesetzmäßigkeiten über die fazielle Verteilung Hartsalz—Carnallitgestein nur mehr oder weniger aufs Geratewohl betrieben werden. So wurden vor allem in der Umgebung der bekannten Hartsalzgebiete neue Bohrungen niedergebracht und auf diese Weise das Baufeld vergrößert.

Grundsätzlich ist primäre und sekundäre Hartsalzentstehung möglich. Bei sekundärer Entstehung spielen noch verschiedene Alterskriterien eine Rolle.

Scheiden die Hartsalze bzw. Hutsalze posthumer Entstehung von vornherein wegen ihrer geringen räumlichen Verbreitung bzw. wegen ihrer exponierten Lage im Gefahrenbereich des Salzspiegels für eine geologische Erkundung aus, so sind dagegen die primär und sekundär prätektonisch entstandenen Hartsalze für eine Erkundungskonzeption außerordentlich wichtig. Die Hartsalzgenese ist z. Z. noch heftig umstritten und die räumliche Verteilung speziell für das Nordharzkalisalzgebiet und das Norddeutsche Flachland ungeklärt. Dadurch fehlt für eine geologische Erkundung auf das Hartsalz dieser Gebiete bislang jede gesicherte Konzeption.

Die geologische Erkundung muß den verschiedenen genetischen Annahmen Rechnung tragen, wie die folgenden Beispiele zeigen.

Werrakalisalzgebiet

Im Werrakalisalzgebiet (Flöze Thüringen und Hessen) beschränkte sich die geologische Erkundung durch OT-Bohrungen bisher auf die Schachtvorbohrung Mühlwärts und im wesentlichen auf die durch geologische Kartierung über Tage festgestellten Auslaugungssenken.

Die Bestimmung des Verlaufs der südlichen Verbreitungsgrenze der beiden Flöze wurde mit zunehmender Ausdehnung der Baufelder der Kaliwerke immer wichtiger, so daß einige Bohrungen für deren Nachweis angesetzt wurden. Dabei bestätigte sich die Annahme von W. HOPPE, daß das obere Lager in südlicher Richtung geringere Verbreitung hat als das untere. Das Flöz Thüringen ist im Bereich der südlichen Markscheiden carnallitisch entwickelt. Setzt man mit G. SEIDEL auch im Werragebiet eine im wesentlichen primäre Hartsalzentstehung voraus, so könnte noch mit einem weiter südlich anschließenden Hartsalzsaum im unteren Lager gerechnet werden; eine Annahme, die in absehbarer Zeit durch Kohlensäureerkundungsbohrungen, bei denen das Gewinnen von Kernen im Bereich des Kalisalzlagers vorgesehen ist, geklärt sein wird. Offen bleibt vorerst noch die Frage, ob ein solcher Saum breit genug ist, Hartsalzgewinnung zu ermöglichen. Bohrungen nur zur Vorratsübergabe wurden im Werrakalisalzgebiet noch nicht niedergebracht, sind aber ab 1962 vorgesehen.

Südharzkalisalzgebiet

Die Hartsalzerkundung im Südharzkalisalzgebiet war bisher dadurch beeinträchtigt, daß eine gesicherte Anschauung über die Bildung und regionale Verbreitung des Hartsalzes fehlte und die Erkundung nicht dem unmittelbaren Nachweis von Vorräten diente.

In den meisten Fällen handelte es sich um Einzelbohrungen. Bei nicht allzugroßer Entfernung von Grubenbauen ist die seitliche Extrapolation als C_1-Vorrat möglich. Die Entfernungen gestatten in der Regel eine Aussage darüber, ob größere Flächen einer bestimmten Fazies noch vorhanden sind. Die Staatliche Geologische Kommission hat die Aufgabe, in den nächsten Jahren bzw. dem nächsten Jahrzehnt in der Thüringer Mulde neue Hartsalzlagerstätten nachzuweisen. Hierfür werden einzelne bereits vorhandene Bohrungen ausgewertet und zahlreiche weitere Bohrungen niedergebracht. Der Erkundung wird eine primäre bzw. frühdiagenetische Hartsalzentstehung (verbunden mit untergeordneter lokaler sekundärer Überprägung) zugrunde gelegt, für die sich nach Auswertung paläogeographischer Karten und Erkenntnisse immer mehr Anhaltspunkte ergeben. Bemerkenswert sind hierbei großräumige Fazieswechsel, die auf die ehemalige Nähe zum Zechsteinbeckenrand zurückzuführen sind. Das bedeutet, daß sich Hartsalzhöffigkeit vor allem in dem den primären Kalisalzverbreitungsrand begleitenden Saum erkennen läßt, der sich von Mühlhausen über die Fahner Höhe, das Buttelstädter Gewölbe nach Eckartsberga hinzieht.

Die durch die Sucharbeiten festgestellten hartsalzhöffigen Gebiete werden anschließend systematisch durch eine Vorerkundung mittels eines Bohrnetzes mit einem geforderten Abstand von ca. 1800 m untersucht. Bei ausreichender Vorratsmenge Hartsalz besteht die Möglichkeit des Neuaufschlusses eines oder mehrerer Kaliwerke. In einem Hartsalzgebiet ist dabei nach G. SEIDEL (Vortrag im Wissenschaftlich-Technischen Kabinett des Geologischen Dienstes Jena, 1960) das Bohrnetz so weit auszudehnen, bis die äußerste Bohrung im Carnallitgestein steht. Die seitlich benachbarten Bohrungen würden dann allerdings wegen der unregelmäßigen Faziesgrenzen noch mit Berechtigung niedergebracht. Beim Anbohren von Vertaubungen ist es wegen deren oft lokalen Beschaffenheit angebracht, seitlich anschließend eine weitere Bohrung zum genaueren Nachweis zu teufen.

Die Hauptobjekte für eine zukünftige Erkundung liegen östlich und westlich des Kaliwerkes Volkenroda als Objekte Thüringer Becken Nord und West. Später werden Objekte im Bereich zwischen Ettersberg und Finnestörung hinzukommen.

Südbrandenburg

Von Interesse ist, daß sich der den primären Kalisalzverbreitungsrand begleitende Hartsalzstreifen der Thüringer Mulde bis in die Gegend von Halle und weiter bis nach Südbrandenburg nachweisen läßt. Im Gebiet Spremberg—Weißwasser wurde z. B. in vier Fällen verarmtes anhydritisches Hartsalz erbohrt, was die Hartsalzhöffigkeit dieses Gebietes bestätigt.

Nordharzkalisalzgebiet

Im Nordharzkalisalzgebiet wurden zur Erkundung von Kalisalzen seit 1950 ca. 35 Bohrungen niedergebracht. Bei der geologischen Erkundung lassen sich drei Ziele unterscheiden:

1. Erweiterung der Vorratsbasis durch Einzelbohrungen,
2. Erweiterung der Vorratsbasis durch Bohrreihen, im wesentlichen innerhalb der Markscheiden,
3. Erweiterung der allgemeinen Vorratsbasis durch Bohrungen außerhalb der Markscheiden.

Die unter 3. genannten Arbeiten werden z. Z. von der Staatlichen Geologischen Kommission durchgeführt. Die Erkundung soll neben der Klärung der Fazies insbesondere über die tektonischen Verhältnisse, die Teufenlage des Flözes und das Einfallen der Sattelflanken Klarheit schaffen. Am Ascherslebener Sattel hat sich z. B. gezeigt, daß die SW-Flanke wesentlich anders, als ursprünglich angenommen, verläuft.

Es ist bekannt, daß die Hartsalzflächen im Nordharzkalisalzgebiet keine große Ausdehnung besitzen. Unbekannt ist, welche Ursachen der Hartsalzverbreitung zugrunde liegen, ob es sich um eine primäre oder eine im wesentlichen sekundäre Hartsalzentstehung, für die es zahlreiche Fakten gibt, handelt. Fest steht nur, daß die Hartsalzgebiete keine Beziehungen zu den Hutbildungen der subherzynischen Sättel aufweisen. Für eine erfolgversprechende, wissenschaftlich begründete Hartsalzerkundung im Nordharzgebiet wäre daher zunächst die Genese zu klären.

Da feststeht, daß die Hartsalzentstehung vor der saxonischen Tektogenese stattgefunden hat, ist die Erkundung nicht auf den Bereich der jetzigen saxonischen Sättel zu beschränken. Wenn die bisher bekannten Hartsalzgebiete im Bereich dieser Sättel liegen, so wird das im wesentlichen durch die bisherigen Aufschlußverhältnisse bedingt. Hat doch der Bergbau im Nordharzkaligebiet in der Vergangenheit in Anbetracht der geringeren Teufen die Sattelflanken größerer Strukturen für den Abbau bevorzugt.

Bis zur endgültigen Klärung der Hartsalzprognose dieses Gebietes wird die geologische Erkundung zunächst auf Carnallit weitergeführt.

Norddeutsches Flachland

Für die geologische Erkundung von Kalisalzen im Norddeutschen Flachland liegen bisher kaum praktische Erfahrungen vor, da für eine Erkundung nur Salzstöcke in Frage kommen. Diese sind erst in den letzten Jahren geophysikalisch entdeckt bzw. genauer vermessen worden. Aus Vergleichen mit alten Aufschlüssen in den Salzstöcken Conow, Lübtheen, Wustrow und dem Spaltendiapir im oberen Allertal läßt sich aber erkennen, daß

1. eine sehr starke und komplizierte innere Tektonik vorhanden ist, die die geologische Erkundung erschwert und verteuert und einen Großabbau nicht zuläßt;
2. die Salzstöcke nur in wenigen Fällen die für einen Abbau erforderliche Größe besitzen und ihre Teufenlage z. T. ungünstig ist und daß
3. die stoffliche Differenzierung Hartsalz — Carnallitgestein vor Eintritt in das Diapirstadium abgeschlossen war und eine weitere tektonische räumliche Differenzierung hinzukommt.

Die Hartsalz-Carnallit-Verteilung läßt sich außerordentlich schwierig feststellen, da sich eine Rekonstruktion der Verhältnisse vor dem Diapirstadium schwerlich durchführen läßt und ferner die Zechsteinbasis in mehr als 3500 m Teufe liegt. Diesen Gegebenheiten trägt die 2. Kaliinstruktion der ZVK Rechnung, nach der, da durch OT-Bohrungen keine Vorratsübergaben der Kategorie C_2 und höher erfolgen können, Vorratsübergaben der bergmännischen Erkundung überlassen bleiben müssen.

Zusammenfassung

Es werden alte und neue Methoden der Hartsalzerkundung gegenübergestellt, und es wird zwischen der Erkundung der Staatlichen Geologischen Kommission und der VVB Kali unterschieden. Die Grundlage der künftig noch umfangreicheren Vorratserkundung bildet die 2. Kaliinstruktion der ZVK.

Die Hartsalzerkundung ist von der Genese des Hartsalzes abhängig. Während für die Thüringer Mulde, für Südbrandenburg und das Werrakalisalzgebiet im wesentlichen primäre Hartsalzentstehung angenommen wird, sind die Gesetzmäßigkeiten der Hartsalz-Carnallit-Verteilung im Nordharzgebiet und im Norddeutschen Flachland noch nicht geklärt.

Резюме

Сопоставляются старые и новые методы разведки твердой соли; различается между разведочными работами Государственной Геологической Комиссии и соответствующими работами Объединения народных предприятий „Кали". Вторая инструкция о разведке калийных солей, изданная Центральной Комиссией по запасам, служит основой для разведки новых запасов, проводимой в будущем в еще больших масштабах.

Разведка твердой соли находится в зависимости от генезиса твердой соли. Для Тюрингенской мульды, для Южного Бранденбурга и для области калийных солей Верра принимается в основном первичное происхождение твердой соли; в районе Северного Гарца и в Северогерманской низменности закономерности распределения твердой соли и карналлита пока еще не выяснены.

Summary

Old and new methods of hard salt reconnaissance are compared and reconnaissance carried out by Staatliche Geologische Kommission is distinguished from that of VVB Kali. The 2nd Potash Instruction issued by ZVK underlies future reconnaissance of reserves covering a far greater extent.

The reconnaissance of hard salt is dependent on its genesis. While chiefly primary hard salt genesis is assumed for the Thuringian trough, South Brandenburg and the Werra potash salt district, regularities in the distribution of hard salt and carnallite in the Northern Hartz Mountains and the North German Lowlands have not been explained so far.

Literatur

BAAR, A.: Muß sich die Kaliindustrie auf Carnallitverarbeitung umstellen? — Z. Technik, 6, S. 321—322 (1952).
BORCHERT, H.: Ozeane Salzlagerstätten. — Gebr. Borntraeger, Berlin 1959.
KAUTZSCH, E.: Die einzelnen Stadien bei der geologischen Erkundung nutzbarer mineralischer Rohstoffe. — Z. angew. Geol., 5, S. 523—528 (1959).
LÖFFLER, J.: Zur Problematik der Hartsalzentstehung. — Ber. geol. Ges. DDR (im Druck).
OELSNER, O.: Zur Methodik der geologischen Erkundung in Abhängigkeit von den Lagerstättentypen. — Z. angew. Geol., 4, S. 323—332 (1958).
SEIDEL, G.: Diskussionsbeitrag zum Vortrag E. STOLLE: „Zur Faziesdifferenzierung im Südharzkalisalzgebiet". — Ber. geol. Ges. DDR (im Druck).
VOGEL, E.: Zur Erkundung von Lagerstätten. — Bergbautechnik, 6, S. 171 bis 177, 279—283 (1956).
Instruktion zur Anwendung der „Klassifikation der Lagerstättenvorräte fester mineralischer Rohstoffe" auf Kali- und Steinsalzlagerstätten der DDR (2. Kaliinstruktion). — Z. angew. Geol., 6, S. 330—336 (1960).

Vererzung, Hauptmetalle und Spurenelemente des Kupferschiefers in der Sangerhäuser und Mansfelder Mulde

(Vorläufige Mitteilung)

GERHARD KNITZSCHKE, Eisleben

1. Vorbemerkung

Die wichtigsten Untersuchungen der Erzmineralisation im Kupferschiefer der Mansfelder Mulde wurden von H. SCHNEIDERHÖHN (1921, 1926), W. HOFFMANN (1923), G. KNITZSCHKE (1955) und A. SCHÜLLER (1959) durchgeführt. Nach KNITZSCHKE (1955) liegt folgende Häufigkeitsfolge aller auftretenden Erzmineralien, sowohl in Cu- als auch Pb-Zn-reichen Schiefern, im Bereich der Mansfelder Mulde vor:

Pb-Zn-reicher Schiefer		Cu-reicher Schiefer	
Bleiglanz	Haupterzmineralien	Buntkupferkies	Haupterzmineralien
Zinkblende		Zinkblende	
Kupferkies		Kupferglanz	
Pyrit		Pyrit	
Kupferglanz		ged. Ag	
Markasit, Buntkupferkies		Bleiglanz	
Fahlerz		Kupferkies	
		Fahlerz	

Die bisherigen Untersuchungen geben über das Verhältnis der Kupfererzmineralien im Erz der Mansfelder

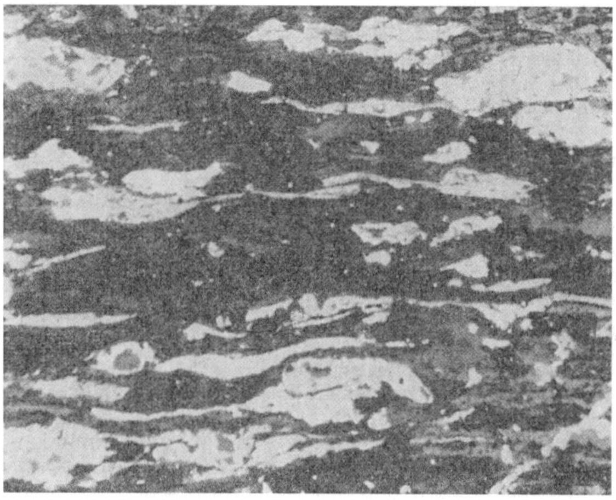

Abb. 1. Erzflasern und -linsen aus Kupferglanz (weiß) und Buntkupferkies (hellgrau), dem Schichtgefüge angepaßt. Schachtanlage Niederröblingen, 8. Sohle nach Süden bei 75 m, Kammschale. Vergr.: 110 : 1

Mulde nur wenig und über das im Erz der Sangerhäuser Mulde keine Auskunft.

Auftreten und Verteilung der Spurenelemente im Kupferschiefer wurden bisher von A. CISSARZ (1929, 1930) und J. OTTEMANN (vgl. E. KAUTZSCH 1954) untersucht. A. GOEDERITZ (1951) gibt die Durchschnittsgehalte einiger Spurenelemente an.

A. CISSARZ, der ein Kupferschieferprofil vom Fortschritt-Schacht spektralanalytisch untersuchte, veröffentlicht eine qualitative Übersichtsanalyse und macht sodann folgende Angaben über das mengenmäßige Auftreten der Spurenelemente:

Au 1— 10 g/t	As 1— 10 g/t	Co 10—100 g/t
Cd 10—1000 g/t	Sb 10—500 g/t	Ni 10—100 g/t
Y < 1 g/t	Bi 10—100 g/t	Pd < 1 g/t
Sn 1— 10 g/t	Cr 1— 10 g/t	Ir < 1 g/t
V 10—1000 g/t	Mo 10—100 g/t	Pt < 1 g/t

Nach A. GOEDERITZ betragen die Durchschnittswerte für Spurenmetalle:

Ti bis 1000 g/t	Mo bis 100 g/t	Co bis 10 g/t
Cd bis 500 g/t	W bis 100 g/t	Au bis 5 g/t
V bis 500 g/t	Mn bis 100 g/t	Pt bis 1 g/t
Sb bis 500 g/t	Ni bis 100 g/t	Pd bis 1 g/t
Bi bis 100 g/t	Zr bis 10 g/t	Ir bis 1 g/t
Cr bis 100 g/t	Sn bis 10 g/t	

E. KAUTZSCH (1954) gibt eine von J. OTTEMANN aufgestellte qualitative Übersicht über alle im Kupferschiefer auftretenden Spurenelemente. Die quantitativen Angaben beziehen sich nur auf die Edelmetalle

(Rh = 0,1—1,0 g/t Pd = 0,1—1,0 g/t)
(Pt = 0,1—1,0 g/t Au = 0,1—1,0 g/t)

In zwei Flözprofilen werden außerdem die Co-Ni-Gehalte angegeben.

Nach S. LÖSCHAU (1960) sollen im Kupferschiefer u. a. durchschnittlich 5—20 g/t Ge, 50 g/t Se und einige g/t Re enthalten sein.

2. Aufgabenstellung

Veranlassung zu den erzmikroskopischen Untersuchungen gaben die in letzter Zeit häufig auftretenden relativ hohen Cu-Gehalte in der Schlacke der Karl-Liebknecht-Hütte des VEB Mansfeld-Kombinat „Wilhelm Pieck".

Inwieweit können nun diese Erscheinungen mit der Mineralisation des zu verschmelzenden Erzes in Verbindung stehen, und welche Veränderungen ergeben sich in nächster Zeit durch die stetig steigende Menge der zu verarbeitenden Erze aus dem Bereich der Sangerhäuser Mulde; denn es ist durchaus möglich, daß neben den bekanntlich unterschiedlichen Schlackenziffern der Mansfelder und Sangerhäuser Erze auch eine veränderte Erzmineralisation die Technologie der Verhüttung beeinflussen kann.

Die geochemischen Untersuchungen sollten einen Überblick über die Hauptmetalle und einige Spurenelemente (Co, Ni, Ge, Se, Re, V, Mo) erbringen. Ferner sollte überprüft werden, welche Beziehungen der Spurenelemente Co, Ni, Ge, Se, Re, V und Mo zu den Hauptmetallen, zum C-Gehalt und zum chemischen Charakter des Erzes (= Schlackenkennziffer: $\frac{FeO + CaO + MgO}{SiO_2 + Al_2O_3}$) bestehen bzw. mit welcher Veränderung dieser Spurenelemente in dem den Rohhütten gelieferten Erz bei einer weiteren Verlagerung des Abbaus der Erze aus der Mansfelder Mulde nach der Sangerhäuser Mulde gerechnet werden muß. Systematische erzmikroskopisch-geochemische Untersuchungen des Kupferschiefers nach regionalen und lagerstättengenetischen Gesichtspunkten werden z. Z. durchgeführt.

3. Probenahme und -bearbeitung

Insgesamt wurden 16 Flözprofile (= 96 Lagenproben) erzmikroskopisch bearbeitet und 19 Flözprofile geochemisch untersucht. Obwohl also nur eine relativ geringe Menge Probenmaterial einer Bearbeitung zur Verfügung stand, erscheinen die Ergebnisse durchaus verwertbar und vermitteln einen Überblick sowohl über die Vererzung als auch über die geochemische Beschaffenheit des Kupferschiefers.

Bei der Auswahl der Proben wurde darauf geachtet, daß solches Material entnommen wurde, das am ehesten den jetzigen Fördererzen entspricht.

Die Probenentnahmestellen sind:

Schachtanlage Niederröblingen

Profil 1	= 8. Sohle nach Norden bei 40 m	(e + g)
„ 2	= 8. Sohle nach Süden bei 75 m	(e + g)
„ 3	= 8. Sohle nach Norden bei 350 m	(e + g)
„ 4	= Flachen 10c (9.—10. Sohle) bei 25 m	(e + g)
„ 4a	= 8. Sohle nach Süden bei 80 m	(g)

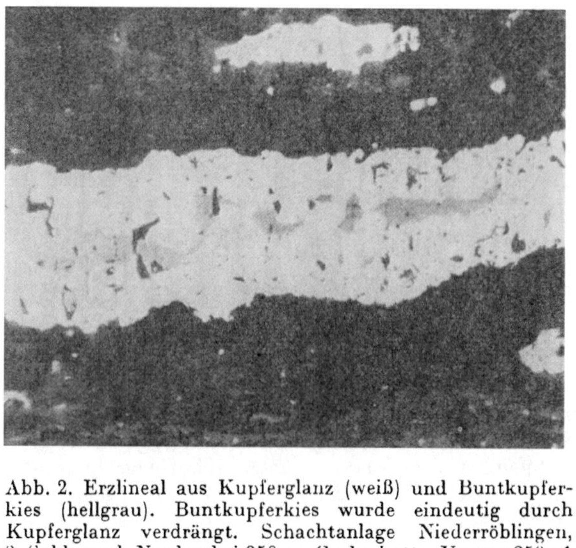

Abb. 2. Erzlineal aus Kupferglanz (weiß) und Buntkupferkies (hellgrau). Buntkupferkies wurde eindeutig durch Kupferglanz verdrängt. Schachtanlage Niederröblingen, 8. Sohle nach Norden bei 350 m, Grobe Lette. Vergr.: 250 : 1

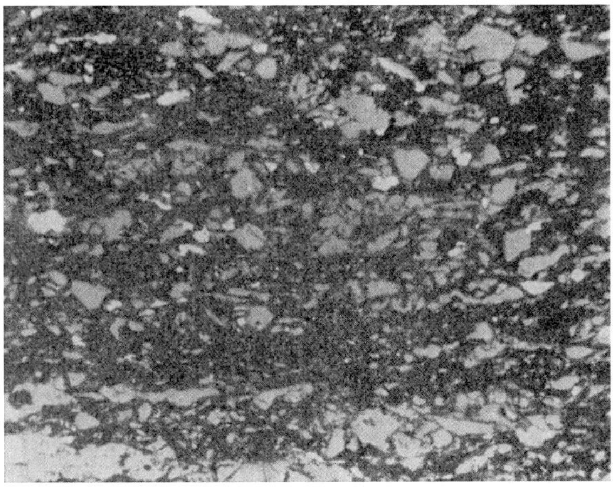

Abb. 3. Typische Körnchenvererzung (Buntkupferkies und Kupferglanz) im Schieferkopf. Schachtanlage Niederröblingen, 8. Sohle nach Süden bei 75 m, Schieferkopf. Vergr.: 110 : 1

Thomas-Münzer-Schacht

Profil 5 = Westliches Abwetterflachen (4.—7. Sohle) bei 100 m (e + g)
,, 6 = 3. Sohle, westlich vom 4 c-Flachen bei 230 m (e + g)
,, 7 = Flachen 8b (7.—8. Sohle) bei 250 m (e + g)
,, 7a = 7. Sohle nach Westen bei 480 m (g)
,, 7b = 7. Sohle nach Westen bei 650 m (g)

Fortschritt-Schacht

Profil 8 = 12. Sohle, Flügel 27, Probe 195 I (e + g)
,, 9 = 12. Sohle, Flügel 30, Probe 246 I (e)
,, 9a = 12. Sohle, Flügel 28, Streb 11 (g)
,, 10 = 12. Sohle, Flügel 27, Probe 195 II (e)
,, 10a = Querschlag 9. Sohle, E-Flachen bei 110 m (g)

Ernst-Thälmann-Schacht

Profil 11 = 9. Sohle nach Süden, am Südflachen II bei 2320 m (e + g)
,, 12 = 9. Sohle, Fäuleort im Südflachen II, lk. Stoß (e + g)
,, 13 = 9. Sohle, Fäuleort im Südflachen II, re. Stoß (e + g)

Otto-Brosowski-Schacht

Profil 14 = Salzort 10. Sohle bei 40 m (e + g)
,, 15 = Zwischensohle (11.—12. Sohle) ab E-Flachen nach Osten bei 150 m (e + g)
,, 16 = B-Flachen (11.—12. Sohle bei 654 m) (Kreuzungspunkt mit 12. Sohle) (e + g)

(e = erzmikroskopisch untersuchte Profile)
(g = geochemisch untersuchte Profile)

Ein Teil jeder Probe wurde mittels Backenbrecher und Kugelmühle zerkleinert, analysenfein aufgemahlen und zur chemischen Untersuchung verwendet. Der andere Teil (mit Ausnahme der Profile 4a, 7a, 7b, 9a und 10a) diente zur Anfertigung von Anschliffen. Es liegen also für den größten Teil der Profile neben den Ergebnissen der chemischen Untersuchungen gleichzeitig erzmikroskopische Befunde über Erzmineralisation und Erzverteilung innerhalb der Flözprofile vor.

Um das Mengenverhältnis der Kupfererzmineralien festzustellen, wurden die Anschliffe unter Verwendung der elektrischen Integrationsvorrichtung „Eltinor" integriert. Der Punktabstand betrug 0,05 mm bei 240facher Vergrößerung. Je nach den Erfordernissen wählte man einen Linienabstand von 0,2 —0,6 mm; die Gesamtlinienlänge betrug 60—90 cm. Für die chemische Untersuchung wurde jedes Profil geteilt, und zwar faßte man im Teil I die Flözlagen 1—3 (Feine Lette, Grobe Lette, Kammschale) und im Teil II die Flözlagen 4—5 (Schieferkopf, Schwarze Berge) entsprechend ihren cm-Bereichen zusammen.

Cu wurde außerdem in den erzmikroskopisch durchmusterten Proben in den einzelnen Flözlagen bestimmt.

Die Analysierung der Proben erfolgte im Forschungsinstitut für NE-Metalle in Freiberg (Co-, Ni-, Ge-, Se-, Re-, V- und Mo-Bestimmungen), im Zentrallaboratorium des VEB Mansfeld-Kombinat „Wilhelm Pieck" (Ag-, C- und CO_2-Bestimmungen) und im Minerallabor des VEB Mansfeld-Kombinat „Wilhelm Pieck" (SiO_2-, CaO-, MgO-, Fe-, Al_2O_3-, Cu-, Pb- und Zn-Bestimmungen).

4. Die Erzführung des z. Z. abzubauenden Kupferschiefers im Bereich der Sangerhäuser Mulde

4.1 Schachtanlage Niederröblingen

Die Feine Lette ist meistens nur spärlich vererzt und führt sporadisch Buntkupferkies und Kupferglanz. Das Maximum der Erzführung liegt eindeutig in der Groben Lette und Kammschale. Hier treten als Erzmineralien vorwiegend Kupferglanz und Buntkupferkies auf, teils selbständig, teils miteinander verwachsen; Relikte von Kupferkies sind nur selten feststellbar. Die Formen der Erzmineralien wechseln häufig; vorwiegend liegen aber Flasern und Linsen (Abb. 1) sowie größere, sich über mehrere cm erstreckende, einige mm mächtige Erzlineale aus Kupferglanz und Buntkupferkies (Abb. 2) vor. In kupferreichen Lagen kann man öfters auch ged. Silber in Form kleiner Körnchen (5 — 20 μ) beobachten. Die Flasern und Linsen weisen durchschnittliche Korngrößen von 30—40 × 100—400 μ auf.

Im Bereich des Schieferkopfes und der Schwarzen Berge treten Buntkupferkies und Kupferglanz neben wenig Kupferkies auf. Das Erz ist hauptsächlich in Form von kleinen Körnchen von 5—20 μ (Abb. 3) ausgebildet; Flasern und Linsen kommen nur selten vor. Kleine, 1—5 μ große Pyritkügelchen sind sporadisch über das gesamte Flöz verteilt.

Die Erzführung des Dachklotzes ist im wesentlichen an größere Erzhieken (5—50 mm) gebunden. Diese sind hauptsächlich Kupferglanz-Buntkupferkies-Kupferkies-Pyrit-Verwachsungen. Seltener, und dann nur in kupferärmeren Dachbergen, treten noch Kupferkies-Pyrit-Zinkblende-Hieken in verschiedenen Formen (oval, rund etc.) auf (Abb. 4). Neben den Kupferglanz-Bornit-Hieken sind im Dachklotz untergeordnet noch 1—5 μ große, regellos verteilte Kupferglanz- und Buntkupferkieskörnchen für den Cu-Gehalt verantwortlich.

Die Integration der Erzanschliffe zeigte eindeutig, daß die Kupferglanzmaxima (zwischen 75 und 98%) und Buntkupferkiesminima stets in der Groben Lette und Kammschale, also den Cu-reichsten Flözlagen liegen.

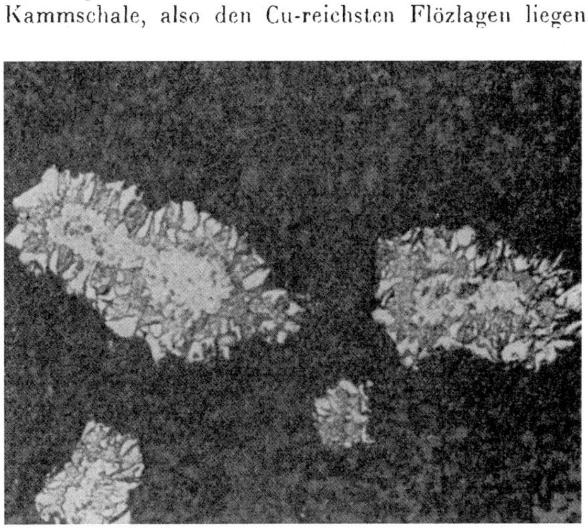

Abb. 4. Charakteristische Erzhieken. Innen = Kupferkies (hellgrau), innerer Saum = Zinkblende (grau), äußerer Saum = Pyrit (weiß). Schachtanlage Niederröblingen, 8. Sohle nach Norden bei 350 m, Dachklotz. Vergr.: 110 : 1

Tab. 1. Ergebnisse chemischer Untersuchungen an Kupferschieferproben im Bereich der Sangerhäuser Mulde

Schacht	Profil	Flözlagen	Mächtigkeit cm	Hauptkomponenten Gew.-%							Hauptmetalle kg/t			Spurenelemente g/t								Schlacken-kennziffer
				SiO_2	Fe	Al_2O_3	CaO	MgO	CO_2	C	Cu	Pb	Zn	Ag	Co	Ni	Ge	Se	Re	V	Mo	
Nieder-röblingen	1	4+5	17,0	43,47	2,76	15,87	9,16	2,32	9,16	4,66	48,8	0,4	0,0	270	120	95	10,9	75	95	160	520	0,25
		1−3	8,0	42,26	2,20	17,97	3,09	1,74	3,60	11,39	63,6	1,2	1,9	630	95	75	7,0	185	120	1580	735	0,13
	2	4+5	20,0	43,34	2,90	15,58	10,68	3,44	10,81	4,52	32,8	0,4	0,2	200	160	33	10,6	10	110	330	425	0,30
		1−3	9,0	37,49	1,93	17,24	3,55	1,85	4,62	13,56	94,8	2,0	9,3	1220	410	31	9,8	140	96	1800	530	0,14
	3	4+5	26,0	41,18	2,32	15,85	14,19	3,51	13,07	3,79	0,4	6,7	11,3	10	20	180	15,4	40	35	335	160	0,36
		1−3	14,0	30,55	3,24	13,91	12,30	1,72	10,03	14,78	33,9	5,6	13,6	120	190	70	11,4	50	145	1350	610	0,41
	4	4+5	26,0	40,86	2,31	17,35	12,54	6,68	15,71	3,41	22,9	0,2	0,2	120	210	94	15,8	30	68	210	480	0,38
		1−3	9,0	37,61	2,48	12,95	5,53	2,88	7,04	8,97	46,6	0,6	2,3	550	160	225	13,4	120	96	2250	355	0,23
	4a	4+5	20,0	42,24	3,03	14,53	9,81	3,72	10,47	4,65	42,3	0,5	0,6	290	140	26	10,6	20	25	490	340	0,31
		1−3	9,0	39,32	1,95	17,35	3,74	2,27	4,71	11,97	78,9	1,9	10,3	940	120	35	14,2	120	23	1950	465	0,15
Thomas-Münzer-Schacht	5	4+5	28,0	32,88	2,24	11,46	15,98	7,06	14,17	2,02	0,3	9,2	1,6	30	25	20	5,3	47	56	380	60	0,52
		1−3	13,0	33,28	3,94	13,46	7,05	2,77	6,85	14,28	41,6	4,8	2,2	100	240	55	5,6	200	160	1210	405	0,32
	6	4+5	29,0	36,21	2,15	12,24	12,44	7,48	16,82	2,99	10,3	0,8	0,1	10	25	30	9,4	46	120	50	110	0,47
		1−3	11,0	29,92	3,44	12,82	6,75	3,31	8,52	13,21	44,9	0,1	0,6	200	155	70	6,3	145	190	610	350	0,34
	7	4+5	23,0	34,00	1,87	13,00	16,31	3,85	15,36	2.89	0,6	7,6	5,4	30	30	187	6,0	140	56	80	165	0,48
		1−3	11,0	36,42	2,77	14,81	7,88	2,08	7,24	11,72	56,8	1,1	2,9	360	125	45	7,9	47	76	1470	490	0,26
	7a	4+5	16,0	44,63	2,57	16,66	8,75	3,38	9,55	4,33	30,3	0,8	2,6	300	290	13	8,2	40	75	610	220	0,24
		1−3	9,0	50,01	2,01	20,92	4,57	2,43	4,40	6,31	9,8	0,8	0,9	80	140	195	8,6	140	175	1250	170	0,14
	7b	4+5	25,0	43,13	3,07	14,98	10,85	3,77	1,25	4,24	11,3	3,4	0,2	380	65	230	5,3	70	570	50	415	0,32
		1−3	10,0	40,17	2,29	16,31	6,03	2,18	6,60	10,70	47,4	1,2	4,4	40	115	90	6,1	200	1500	1630	220	0,20

Tab. 2. Ergebnisse chemischer Untersuchungen an Kupferschieferproben im Bereich der Mansfelder Mulde

Schacht	Profil	Flözlagen	Mächtigkeit cm	Hauptkomponenten Gew.-%							Hauptmetalle kg/t			Spurenelemente g/t								Schlacken-kennziffer
				SiO_2	Fe	Al_2O_3	CaO	MgO	CO_2	C	Cu	Pb	Zn	Ag	Co	Ni	Ge	Se	Re	V	Mo	
Fortschritt-Schacht	8	4+5	22,0	31,02	2,62	11,25	16,46	8,99	20,50	2,40	11,9	0,5	0,2	60	90	140	12,4	50	58	290	125	0,48
		1−3	10,0	38,78	3,05	16,61	7,74	3,08	6,57	9,70	24,4	1,4	1,0	100	90	118	7,6	80	40	1650	335	0,27
	9a	4+5	24,0	32,18	2,32	11,35	16,40	8,92	20,32	2,02	6,9	0,7	0,4	20	20	195	9,2	30	44	345	65	0,65
		1−3	10,0	39,26	2,41	16,82	10,12	3,60	9,56	8,43	6,8	1,9	0,3	30	100	140	10,2	100	81	1700	160	0,30
	10a	4+5	26,0	37,42	2,52	13,27	12,08	8,69	16,38	1,88	6,0	3,1	11,6	10	20	18	11,8	30	34	305	105	0,47
		1−3	13,0	31,87	2,63	16,01	6,39	5,28	8,55	11,31	0,4	15,3	48,7	40	180	270	9,0	300	69	1500	915	0,32
Thälmann-Schacht	11	4+5	27,0	37,25	2,18	13,64	14,16	6,69	14,22	3,34	0,3	7,7	20,0	20	20	110	7,0	30	34	305	130	0,47
		1−3	15,0	26,43	2,90	12,32	12,38	2,96	9,98	12,27	43,8	2,7	9,4	220	290	20	8,3	400	32	1300	515	0,49
	12	4+5	16,0	40,23	1,73	13,84	11,50	7,93	13,99	1,54	0,5	9,9	24,5	20	20	108	13,6	20	30	170	65	0,41
		1−3	12,0	38,06	2,59	15,33	9,51	4,90	9,10	7,61	25,3	20,4	20,8	120	80	165	13,8	40	29	930	265	0,33
	13	4+5	24,0	40,62	2,01	14,31	11,60	5,73	12,03	3,53	1,7	3,9	28,3	10	20	135	11,8	10	39	340	155	0,36
		1−3	11,0	35,85	3,49	15,75	5,71	3,37	5,04	11,95	52,8	5,5	6,9	340	140	13	9,6	130	23	1700	390	0,25
Brosowski-Schacht	14	4+5	27,0	34,83	2,41	11,97	14,79	7,90	16,16	2,72	2,2	7,7	9,6	20	40	35	13,2	40	29	250	170	0,55
		1+3	10,5	36,92	2,95	16,45	5,86	3,14	6,03	12,77	22,2	4,3	28,5	100	110	10	16,2	80	69	170	455	0,24
	15	4+5	18,0	31,71	1,87	12,09	19,12	3,43	15,32	3,29	1,5	11,3	25,2	10	220	120	11,0	25	180	50	300	0,57
		1−3	13,0	31,15	3,10	15,57	7,65	2,50	6,80	12,91	16,6	7,5	21,4	110	65	173	6,4	240	235	1100	475	0,30
	16	4+5	26,5	38,74	2,85	13,76	14,76	4,30	14,16	2,63	2,8	0,9	0,5	10	35	65	9,7	83	110	225	140	0,43
		1−3	12,0	37,70	2,01	15,68	16,61	3,06	14,39	4,46	19,2	1,8	4,5	70	20	67	11,4	120	50	980	195	0,42

Auch im Schieferkopf kann auf Grund guter Kupferführung noch relativ viel Kupferglanz auftreten. Die Schwarzen Berge sind durch Kupferglanzminima und Buntkupferkiesmaxima gekennzeichnet. Dies trifft auch für Cu-reiche Schwarze Berge zu. Der im Dachklotz relativ häufig auftretende Kupferglanz ist zumeist an größere Erzhieken gebunden. In den schwach vererzten Schwarzen Bergen und Dachbergen fehlt Kupferglanz völlig; die Cu-Führung ist zu 75—80% an Buntkupferkies und zu 20—25% an Kupferkies geknüpft.

Abb. 5 zeigt eine für das Erz der Schachtanlage Niederröblingen typische mengenmäßige Verteilung der Kupfererzmineralien und deren Abhängigkeit von Cu-Gehalt und Flözlage.

4.2 Thomas-Münzer-Schacht

Die Flözlagen Feine Lette, Grobe Lette und Kammschale sind am erzreichsten. Nebeneinander, öfters auch miteinander verwachsen, treten Buntkupferkies und Kupferglanz auf, wobei der Buntkupferkies stets überwiegt. Aber auch Kupferkies, der eigentlich nur in Blei-Zink-Schiefern primär auftritt, ist im Profil 9 ziemlich stark verbreitet. Die Erzmineralien bilden vorwiegend Flasern und Linsen, Körnchen und Lineale. Die Korngrößen liegen in der Groben Lette bei 20—30 × 80—100 μ, in der Feinen Lette und Kammschale etwa bei 20 × 50 μ.

Im Schieferkopf, der zuweilen noch gut vererzt ist, und auch in den nur wenig vererzten Schwarzen Bergen

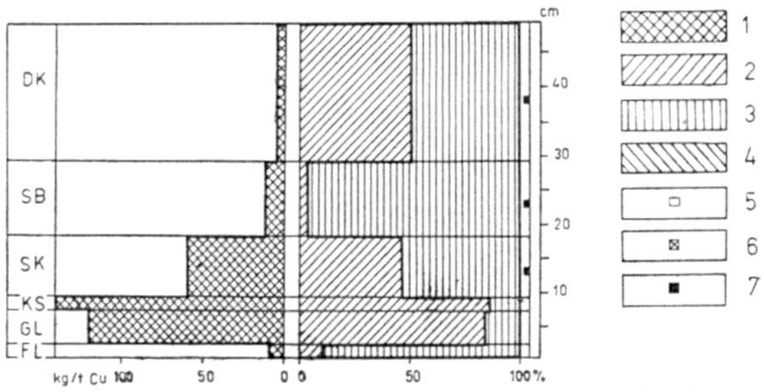

Abb. 5. Verteilung des Cu-Gehaltes sowie der Kupfererzmineralien in den einzelnen Flözlagen und im Dachklotz. Schachtanlage Niederröblingen, 8. Sohle nach Süden bei 75 m.

1 – Cu, 2 – Kupferglanz, 3 – Buntkupferkies, 4 – Kupferkies, 5 – Spuren von Kupferglanz, 6 – Spuren von Buntkupferkies, 7 – Spuren von Kupferkies; DK – Dachklotz, SB – Schwarze Berge, SK – Schieferkopf, KS – Kammschale, GL – Grobe Lette, FL – Feine Lette

tritt hauptsächlich Buntkupferkies auf. Kupferglanz, Pyrit, Bleiglanz und Zinkblende haben fast keine Bedeutung mehr.

Zinkblende ist vorwiegend in den Schwarzen Bergen fixiert. Die Erzmineralien treten in Körnchen auf, die nur selten 20 μ Größe überschreiten. Pyrit ist in kleinsten Kügelchen über das gesamte Flöz verteilt. Gegenüber Niederröblinger Erzen ist eine geringe Pyritzunahme festzustellen. Die Dachklotzvererzung ist durch Pyrit-Zinkblende-Hieken und gelegentlich auftretende Kupferkies-Pyrit-Hieken charakterisiert. Sonst treten noch kleinste Pyritkörnchen auf.

Die Integration der Erzanschliffe ergab folgendes:

Obwohl in den unteren drei Flözlagen stets eine entsprechende Cu-Führung vorliegt, bleibt der Kupferglanzanteil immer unter 15%, wobei das Maximum in der Groben Lette liegt. Das Haupterzmineral ist dagegen Buntkupferkies. In Abb. 6 kann sehr gut die Cu-Abnahme von der Feinen Lette bis zum Dachklotz beobachtet werden. Charakteristisch für die Erzmineralisation ist, daß ungeachtet der hohen Cu-Gehalte nur Buntkupferkies und Kupferkies auftreten, wobei letzterer ein ausgeprägt reziprokes Verhalten zum Cu-Gehalt zeigt, eine Erscheinung, die vom Verfasser bisher nur in Blei-Zink-Schiefern von Wettin–Dobis beobachtet werden konnte. Auf den wahrscheinlich sekundären Charakter des Kupferkieses in Cu-reichen Schiefern wurde bereits hingewiesen.

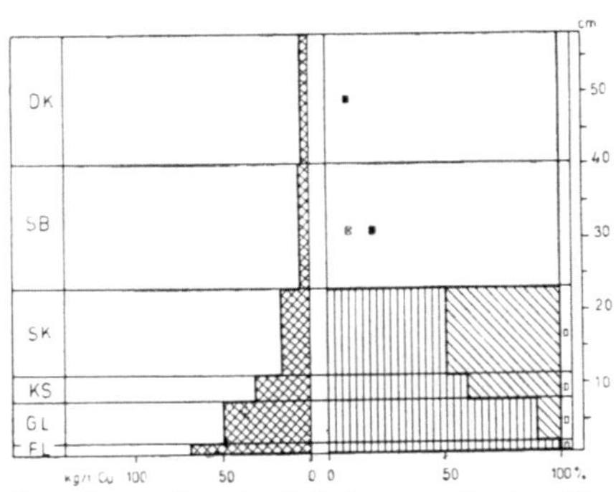

Abb. 6. Verteilung des Cu-Gehaltes sowie der Kupfererzmineralien in den einzelnen Flözlagen und im Dachklotz (Legende vgl. Abb. 5). Thomas-Münzer-Schacht, 3. Sohle, westlich vom 4 c-Flachen, bei 230 m

Abb. 7 zeigt eine für das Erz des Thomas-Münzer-Schachtes typische mengenmäßige Verteilung der Kupfererzmineralien und deren Abhängigkeit von Cu-Gehalt und Flözlage.

5. Die Erzführung des z. Z. abzubauenden Kupferschiefers im Bereich der Mansfelder Mulde

Feine Lette, Grobe Lette und Kammschale sind die erzreichsten Flözlagen. Sie enthalten die Erzmineralien Buntkupferkies, Kupferglanz, Kupferkies, Pyrit, Zinkblende und Bleiglanz. Vor allem Buntkupferkies und nur untergeordnet Kupferglanz und Kupferkies bedingen den Cu-Gehalt. Pyrit, Bleiglanz und Zinkblende treten größtenteils nur in kleineren Mengen auf. Eine Ausnahme zeigt Profil 16, da hier in den unteren Flözlagen besonders Pb und Zn vorliegen, während Cu in den hangenden Flözlagen fixiert ist. Auftretender Kupferkies zeigt stets verdrängenden Charakter. Verwachsungen der Erzmineralien miteinander findet man selten. Am häufigsten kann man Buntkupferkies-Kupferglanz-Verwachsungen beobachten.

Die Erzmineralien bilden unregelmäßig begrenzte, 5–20 μ große Körnchen (vor allem in der Feinen Lette) und größere Linsen und Flasern mit durchschnittlichen Korngrößen von 20–30 × 50–70 μ. Pyrit erreicht jedoch selten Korngrößen über 5 μ. Die Formen der Erzmineralien passen sich der Schichtung des Schiefers an. Charakteristisch für die unteren Flözlagen sind zuweilen noch Erzlineale aus Buntkupferkies und (untergeordnet) Kupferglanz.

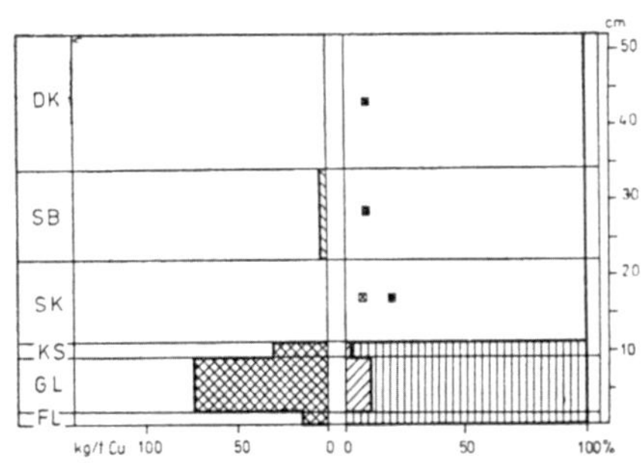

Abb. 7. Verteilung des Cu-Gehaltes sowie der Kupfererzmineralien in den einzelnen Flözlagen und im Dachklotz (Legende vgl. Abb. 5). Thomas-Münzer-Schacht, Flachen 8b (7.–8. Sohle) bei 250 m

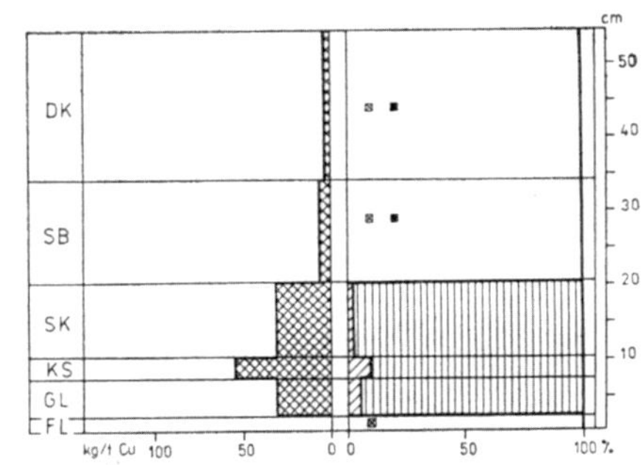

Abb. 8. Verteilung des Cu-Gehaltes sowie der Kupfererzmineralien in den einzelnen Flözlagen und im Dachklotz (Legende vgl. Abb. 5). Fortschritt-Schacht, 12. Sohle, Flügel 27, Probe 195 II

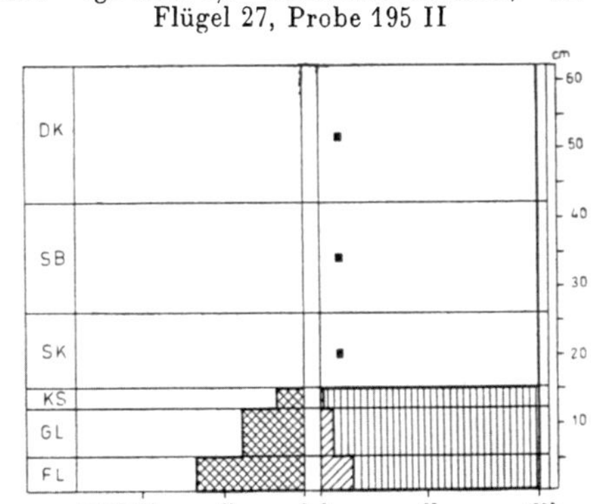

Abb. 9. Verteilung des Cu-Gehaltes sowie der Kupfererzmineralien in den einzelnen Flözlagen und im Dachklotz (Legende vgl. Abb. 5.). Ernst-Thälmann-Schacht, 9. Sohle nach Süden, am Südflachen II bei 2320 m

Tab. 3. Maxima-, Minima- und Durchschnittsgehalte der Spurenelemente Co, Ni, Ge, Se, Re, V und Mo in den Flözlagen 4—5

Element	Streubereich (Minima) (Maxima) g/t	Durchschnittlicher Gehalt g/t
Co	20 —290	80— 90
Ni	13 —230	90—100
Ge	5,3—15,8	10— 11
Se	10 —140	40— 50
Re	25 —180 (570 ?)	60— 70
V	50 —610	260—270
Mo	60 —520	210—220

Der Schieferkopf ist nur noch gelegentlich verhältnismäßig gut vererzt. Folgende Erzmineralien — der Häufigkeit nach geordnet — treten auf: Buntkupferkies, Zinkblende, Bleiglanz, Pyrit, Kupferglanz und Kupferkies. Sie haben die Form kleiner, regellos im Gestein verteilter Körnchen von etwa 5—20 μ Größe. Auf Grund dieser Kleinkörnung treten Verwachsungen usw. nur selten auf.

Die Schwarzen Berge und der Dachklotz zeigen nur noch eine Spurenvererzung von Zinkblende, Bleiglanz, Pyrit, Kupferkies, Buntkupferkies und Kupferglanz. Haupterzmineralien sind eindeutig Zinkblende, Bleiglanz und Pyrit. Alle Erzmineralien erreichen eine Korngröße von nur wenigen μ, oder sie sind in den sog. Erzhieken miteinander verwachsen. Eine für das Erz der Mansfelder Mulde charakteristische mengenmäßige Verteilung der Kupfererzmineralien und deren Abhängigkeit von Cu-Gehalt und Flözlage zeigen die Abb. 8 und 9. Es ist eindeutig ersichtlich, daß Buntkupferkies vorherrscht, obgleich der Cu-Gehalt manchmal ziemlich hoch ist. Die Kupferglanzgehalte liegen zwischen 0 und 10%. Kupferkies gewinnt nur dort an Bedeutung, wo er besonders auf Klüften und Harnischflächen als Belag — also typisch sekundär — verbreitet ist.

6. Betrachtungen über das Verhalten der Spurenelemente Co, Ni, Re, Ge, Se, V und Mo zu Cu, Pb, Zn und C sowie zur Schlackenkennziffer

Die Analysenergebnisse sind in den Tab. 1 und 2 — nach regionalen Gesichtspunkten geordnet — zusammengestellt. Auf Grund der vorliegenden Analysen kann folgendes über Maxima- und Minimawerte sowie über das durchschnittliche mengenmäßige Auftreten der Spurenelemente Co, Ni, Ge, Se, Re, V und Mo in den untersuchten Kupferschieferprofilen gesagt werden:

Die spurenelementreichsten Erze liegen größtenteils im Bereich der Sangerhäuser Mulde. Die Tab. 3 und 4 zeigen, daß die Flözlagen 1—3 vorwiegend höhere Spurenelementgehalte aufweisen als die Flözlagen 4—5. Gesetzmäßigkeiten im Auftreten der einzelnen Spurenelemente auf den verschiedenen Schächten sind nicht zu erkennen. Bemerkenswert erscheint nur, daß im Erz des Thomas-Münzer-Schachtes relativ niedrige Ge-Gehalte vorliegen.

Da die Cu-Gehalte keine Höchst- oder Tiefstwerte im Erz bestimmter Schachtanlagen darstellen, sondern für die abzubauenden Erze des betreffenden Schachtes charakteristisch sind, sind auch die in den Proben ermittelten anderen Daten für Durchschnittserze richtungweisend. Die Cu-Gehalte sind bekanntlich in der Sangerhäuser Mulde höher als in der Mansfelder Mulde. Abb. 10 zeigt die Abhängigkeit der Spurenelemente Co, Ni, Ge, Se, Re, V und Mo vom Cu-Gehalt. Eine kontinuierliche Veränderung bestimmter Spurenelemente bei verändertem Cu-Gehalt liegt nicht vor. Hohe Co- und Se-Gehalte sind meistens an hohe Cu-Gehalte geknüpft, im Gegensatz zu den Ni-Gehalten, die häufig bei hohen Cu-Gehalten sehr niedrig sind und bei tiefen Cu-Gehalten eindeutige Maxima aufweisen. Das von A. CISSARZ (1929, 1930) festgestellte Parallellaufen von Co, Ni und Cu, das bisher als allgemeingültig angenommen wurde, kann nur bedingt für Co bestätigt werden; für Ni wird es aber eindeutig widerlegt.

Die Ge- und Re-Gehalte zeigen zum Cu-Gehalt keinerlei Gesetzmäßigkeiten. Eine Beziehung zwischen V und Cu läßt sich kaum feststellen; Mo dagegen scheint in den Cu-reichen Schiefern angereichert vorzuliegen. Im allgemeinen ist aber diese sich hier andeutende Gesetzmäßigkeit auf den C-Gehalt des Erzes zurückzuführen.

Auch die C-Gehalte der Erze wechseln in den verschiedenen Schächten. Die höchsten C-Gehalte (14,78%, 14,28%, 13,56% = Flözteil I; 4,66%, 4,65%, 4,52% = Flözteil II) kommen in den Erzen der Sangerhäuser Mulde vor. Abb. 11 zeigt, daß im Erz bestimmte Beziehungen zwischen dem C-Gehalt und dem Co-Gehalt bestehen. Hohe C-Gehalte fallen größtenteils auch mit hohen Co-Gehalten zusammen. Auch der Se-Gehalt ist wahrscheinlich vom C-Gehalt abhängig; denn ausgeprägte Se-Maxima sind immer an ausgeprägte C-Maxima gebunden. Ni scheint in C-ärmeren Erzen etwas angereicherter vorzuliegen, während Ge und Re zum C keine Gesetzmäßigkeiten zeigen. Nach Abb. 11 besteht eine charakteristische Abhängigkeit zwischen V und C; und zwar fallen hohe V-Gehalte fast immer mit hohen C-Gehalten zusammen. Die Flözlagen 1—3 sind also auch am V-reichsten. Ähnliche, nur etwas weniger gut ausgeprägte Eigenschaften gegenüber dem C zeigt Mo.

Die Schlackenkennziffer gibt Auskunft über den chemischen Charakter des Erzes. Je niedriger sie ist, desto saurer ist das Erz. In den untersuchten Erzen lag sie zwischen 0,65 und 0,13, wobei der Flözteil II vielfach eine günstigere (= höhere) Schlackenkennziffer aufweist als der Flözteil I. Die niedrigsten Schlackenkennziffern kommen — regional betrachtet — in Erzen der Sangerhäuser Mulde vor. Der Co-Gehalt erhöht sich im allgemeinen bei fallender Schlackenkennziffer, sonst liegen aber keine Gesetzmäßigkeiten vor (vgl. Abb. 12). Der steigende Co-Gehalt ist aber wahrscheinlich weniger auf die fallende Schlackenkennziffer als auf die in diesen Proben relativ hohen Cu- und C-Gehalte zurückzuführen.

Gesetzmäßigkeiten zwischen den Pb- sowie den Zn-Gehalten und den Spurenelementen Co, Ni, Ge, Se, Re, V und Mo sind nicht vorhanden. Allerdings hätten für eine derartige exakte Aussage Proben mit sehr niedrigen und auch sehr hohen Pb- und Zn-Gehalten zur Aus-

Tab. 4. Maxima-, Minima- und Durchschnittsgehalte der Spurenelemente Co, Ni, Ge, Se, Re, V und Mo in den Flözlagen 1—3

Element	Streubereich (Minima) (Maxima) g/t	Durchschnittlicher Gehalt g/t
Co	20 —410	140—150
Ni	10 —270	90—100
Ge	5,6—16,2	9— 10
Se	40 —400	140—150
Re	23 —235 (1500 ?)	80— 90
V	610 —2250	1450—1460
Mo	160 —915	420—430

wertung vorliegen müssen. Die Probenahme erfolgte jedoch (vgl. Abschn. 3) nach anderen Gesichtspunkten.

Nach Ansicht des Verf. sind die im jetzt abzubauenden Erz vorliegenden Pb-Zn-Gehalte ohne entscheidenden Einfluß auf die Spurenelemente. Die z. Z. herrschende Meinung, daß die Erze aus dem Bereich der Sangerhäuser Mulde auf Grund ihrer durchschnittlich niedrigeren Pb-Zn-Gehalte gegenüber den Erzen aus der Mansfelder Mulde auch weniger Ge enthalten sollen, erscheint gewagt (vgl. Tab. 1 und 2).

7. Schlußbetrachtungen

Die Untersuchungen zeigen, daß neben den bekannten unterschiedlichen Metallgehalten des z. Z. abzubauenden Flözes in der Mansfelder und Sangerhäuser Mulde auch beträchtliche Unterschiede in der Erzmineralisation auftreten.

Die Vererzung des Flözes im Bereich der Mansfelder Mulde und z. T. auch auf dem Thomas-Münzer-Schacht ist durch den für den Cu-Gehalt wichtigen Buntkupferkies gekennzeichnet. Kupferglanz spielt dabei nur eine untergeordnete Rolle.

Kupferkies, der gegenüber den anderen Kupfererzmineralien sekundär entstanden ist, ist nur wenig für den Cu-Gehalt verantwortlich. Neben den Kupfererzmineralien treten, teils sporadisch, teils aber auch in beträchtlichen Mengen (gilt nur für den Bereich der Mans-

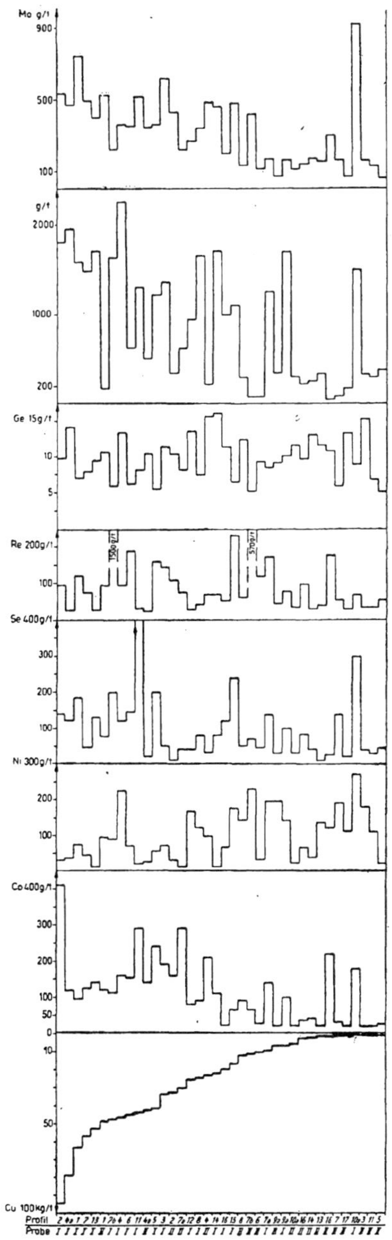

Abb. 10. Abhängigkeit der Spurenelemente Co, Ni, Ge, Se, Re, V und Mo vom Cu-Gehalt im Kupferschieferflöz im Bereich der Sangerhäuser und Mansfelder Mulde (I = Lage 1–3; II = Lage 4 + 5)

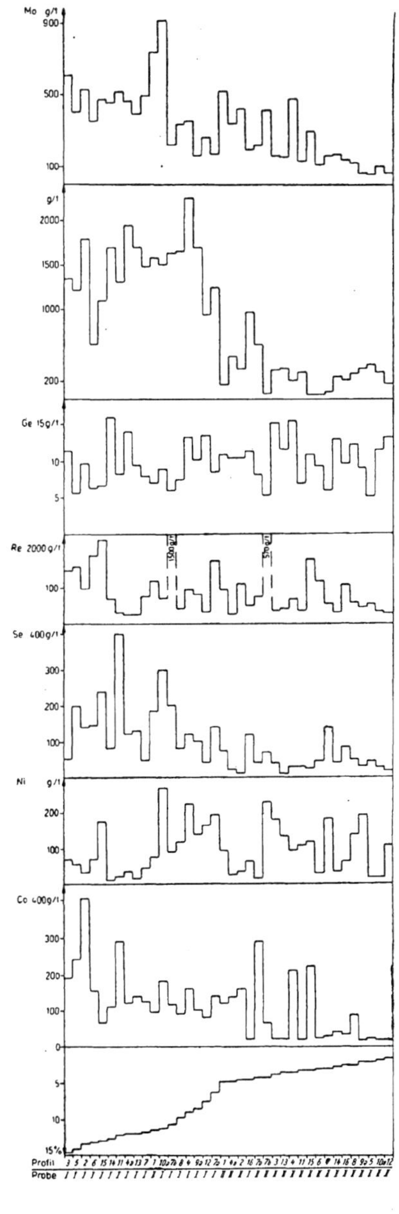

Abb. 11. Abhängigkeit der Spurenelemente Co, Ni, Ge, Se, Re, V und Mo vom C-Gehalt im Kupferschieferflöz im Bereich der Sangerhäuser und Mansfelder Mulde (I = Lage 1–3; II = Lage 4 + 5)

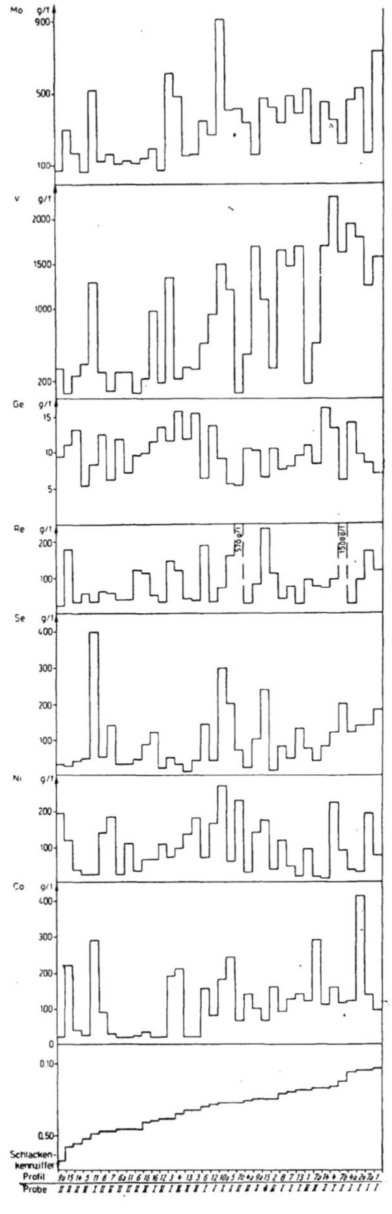

Abb. 12. Abhängigkeit der Spurenelemente Co, Ni, Ge, Se, Re, V und Mo von der Schlackenkennziffer im Kupferschieferflöz im Bereich der Sangerhäuser und Mansfelder Mulde (I = Lage 1–3; II = Lage 4 + 5)

felder Mulde), noch Zinkblende und Bleiglanz auf. Pyrit findet man in Spuren überall, in größeren Mengen jedoch hauptsächlich in den Schwarzen Bergen und in den Dachbergen, teils in Form feinster Imprägnationen (1—5 μ), teils in Hieken von 50 μ bis mehreren cm Größe.

In der Schachtanlage Niederröblingen und z. T. auf dem Thomas-Münzer-Schacht zeigt die Erzmineralisation ein etwas anderes Bild. Das Verhältnis Buntkupferkies zu Kupferglanz, das im Bereich der Mansfelder Mulde zuungunsten von Kupferglanz vorliegt, verschiebt sich eindeutig zugunsten von Kupferglanz; Kupferkies hat praktisch keine Bedeutung. Bleiglanz und Zinkblende treten entweder nicht oder nur in Spuren auf. Pyrit ist ebenfalls weniger als in Erzen der Mansfelder Mulde vertreten. In der Ausbildung der Erze bestehen — mit Ausnahme der Korngrößen — keine wesentlichen Unterschiede. In den unteren Flözlagen der Schachtanlage Niederröblingen läßt sich in der Regel eine gröbere Vererzung beobachten, die wahrscheinlich in der erhöhten Erzkonzentration ihre Ursache hat. Ein erhöhter Kupferglanzanteil im Erz ist meist von einem erhöhten Cu-Gehalt abhängig. Grundsätzlich ist also damit zu rechnen, daß die Niederröblinger Erze auf Grund der Kupferkonzentration einen höheren Kupferglanzanteil als die Mansfelder Erze und die Erze des Thomas-Münzer-Schachtes haben. Aber auch hierzu müßten noch ausführlichere Untersuchungen durchgeführt werden.

In den geochemisch untersuchten Proben wurden SiO_2, Al_2O_3, CaO, MgO, Fe, CO_2, C, Cu, Pb, Zn, Ag, Co, Ni, Ge, Se, Re, V und Mo bestimmt sowie die Schlackenkennziffer des Erzes errechnet. Obwohl die Ge- und Re-Gehalte dem Verfasser etwas hoch erscheinen, wurden sie, da genaue Werte für Ge und Re immer mehr oder weniger nur vermutet werden, bei der Auswertung berücksichtigt. Die Ergebnisse sind daher nur unter diesem Gesichtspunkt zu betrachten. Ein Vergleich der Co-, Ni-, Ge-, Se-, Re-, V- und Mo-Gehalte mit den Hauptmetallgehalten (Cu-, Pb- und Zn-), dem C-Gehalt sowie dem chemischen Charakter des Erzes (= Schlackenkennziffer) zeigt, daß im Verhalten der Spurenelemente Co, Ni, Ge, Se, Re, V und Mo zu Cu, Pb, Zn und C sowie zur Schlackenkennziffer teils nur geringe, teils sogar keine Gesetzmäßigkeiten, weder im Bereich des Flözteiles I (Feine Lette, Grobe Lette, Kammschale) noch im Bereich des Flözteiles II (Schieferkopf, Schwarze Berge), erkennbar sind. Das bisher als allgemeingültig angenommene Parallellaufen der Co-, Ni- und Cu-Gehalte kann nicht bestätigt werden. Cu-Maxima fallen größtenteils mit Co- und Se-Maxima sowie Ni-Minima zusammen. Der Vergleich zwischen C und Co sowie Se ergibt analoge Verhältnisse, so daß im Verhalten von Cu, C, Co und Se bestimmte Gesetzmäßigkeiten feststellbar sind. V-Maxima fallen stets mit C-Maxima zusammen. Die Ansicht, daß sich die Ge-Gehalte bei veränderten Pb-Zn-Gehalten in Durchschnittserzen ebenfalls ändern, erscheint gewagt.

Bezüglich der Spurenelementführung im allgemeinen kann gesagt werden, daß die unteren Flözlagen (Feine Lette, Grobe Lette, Kammschale) vielfach höhere Spurenelementgehalte aufweisen als die hangenden Flözlagen (Schieferkopf, Schwarze Berge). Die Erze der verschiedenen Schächte zeigen in ihrer Gesamtspurenelementführung nur unbedeutende oder keine Unterschiede.

Zusammenfassung

Verf. zeigt, daß in der Erzmineralisation der Erze der Sangerhäuser und Mansfelder Mulde charakteristische Unterschiede bestehen. Trotz der relativ geringen Anzahl untersuchter Proben kann darauf hingewiesen werden, daß sich im Erz der Rohhütten bei erhöhter Anlieferung von Niederröblinger Erzen mit den jetzigen Cu-Gehalten das Mengenverhältnis Buntkupferkies zu Kupferglanz weiterhin zugunsten von Kupferglanz verschiebt, Pyrit vermindert auftritt und die Bleiglanz- und Zinkblendegehalte ebenfalls fallende Tendenz aufweisen.

Im Erz der Rohhütten ist bei einer weiteren Verlagerung des Abbaus der Erze aus dem Bereich der Mansfelder Mulde in den der Sangerhäuser Mulde jedoch nicht mit einer grundsätzlichen Änderung der Spurenelementgehalte zu rechnen. Bei einigen Spurenelementen war ein gesetzmäßiges Verhalten zu Cu, C oder zur Schlackenkennziffer zu beobachten.

Резюме

Автор показывает, что в отношении рудной минерализации существуют характерные различия между рудами Зангерхаузенской мульды и Мансфельдской мульды. Несмотря на относительно малое число исследованных образцов, можно указать на следующее: при повышенной доставке Нидерреблингенских руд с теперешними содержаниями меди, в руде металлургических заводов, производящих сырую медь, изменяется количественное отношение борнит-халькозин в сторону халькозина, между тем как пирит появляется в меньшем количестве; содержания галенита и сфалерита проявляют тоже падающую тенденцию.

При дальнейшем перемещении разработки руд из области Мансфельдской мульды в область Зангерхаузенской мульды, однако, в руде металлургических заводов, производящих сырую медь, нельзя расчитывать на коренное изменение содержаний рассеянных элементов. У некоторых рассеянных элементов наблюдалось закономерное поведение к меди, углероду или к шлаковому коэффициенту.

Summary

The author shows that characteristic differences exist in the ore mineralization of the ores found in the Sangerhausen and Mansfeld troughs. In spite of the relatively small number of samples tested it can be pointed out that, with an increased delivery of ores from Niederröblingen at the present copper contents, there will be a further shifting in the quantitative ratio between variegated copper pyrites and chalcosite in favour of the latter in the ores of the crude copper works. Moreover, they will show a decrease in the contents of pyrites, galena and zinc blende.

However, in the event of a further shifting in the mining of ores from the area of the Mansfeld trough to that of the Sangerhausen trough it must be taken into account that a fundamental change in the contents of trace elements will not take place in the ore of the crude copper works. Some trace elements showed a regular behaviour towards Cu, C, or the slag index.

Literatur

CISSARZ, A.: Die Metallverteilung in einem Profil des Mansfelder Kupferschiefers. — Cbl. Min., Abt. A., S. 425—427, Stuttgart 1929.
— Quantitativ-spektralanalytische Untersuchung eines Mansfelder Kupferschieferprofils. — Chemie der Erde, 5, S. 48—75, Jena 1930.
— Die durchschnittliche Zusammensetzung des Mansfelder Kupferschiefers. — Erzmetall, 27, S. 316—319, Stuttgart 1930.
EISENHUTH, K. H. & E. KAUTZSCH: Handbuch für den Kupferschieferbergbau. — Leipzig (Fachbuch) 1954.
GOEDERITZ, A. H. F.: Der Mansfelder Kupferschiefer und die aus ihm gewonnenen Werk- und Rohstoffe. — Metallurgie und Gießereitechnik, 1, S. 71—76, Berlin 1951.
HOFFMANN, W.: Erzführung und Erzverteilung des Mansfelder Kupferschiefers und die hieraus sich ergebenden Vorgänge im Kupferschiefer. — Jb. Hall. Verb., 4, S. 278—324, Halle 1923.
KNITZSCHKE, G.: Lagerstättenkundliche Bearbeitung des Kupferschiefervorkommens bei Wettin. — Unveröffentl. Diplomarbeit, Freiberg 1955.
LÖSCHAU, S.: Vorkommen von Spurenmetallen in Erz und Zwischenprodukten. — Vortr., gehalten auf der Fachtagung „Spurenmetalle" der KdT am 28. 4. 1960 in Eisleben (unveröffentl.).
SCHNEIDERHÖHN, H.: Chalkographische Untersuchung des Mansfelder Kupferschiefers. — N. Jb. Min. etc., Beil.-Bd. 47, S. 1—38, Stuttgart 1921.
SCHÜLLER, A.: Metallisation und Genese des Kupferschiefers von Mansfeld. — Abh. deutsch. Akad. Wiss. Berlin, Kl. Chem., Geol., Biol., Nr. 6, Berlin 1959.

Zur Entstehung der sedimentären Kupfererzlagerstätten in der nordsudetischen Mulde

KARL KEIL, Dresden

In einem in Heft 2/1961 dieser Zeitschrift veröffentlichten Beitrag hat S. LISIAKIEWICZ, Warszawa, in der Diskussion einer Arbeit über „Die Genese der Kupfererzlagerstätten der äußeren sudetischen Mulde" von E. KONSTANTYNOWICZ am Schluß den Satz geprägt: „Deshalb scheint die Behauptung KONSTANTYNOWICZs, daß epigenetische Vorgänge bei der Entstehung der Kupfererzlagerstätten zu verwerfen seien, etwas gewagt zu sein."

Bei der für diese Entgegnung berücksichtigten Literatur fehlen ganz wesentliche Arbeiten, insbesondere die von A. NEUHAUS „Über die Erzführung des Kupfermergels der Haaseler und Gröditzer Mulde in Schlesien" und ferner die von G. RICHTER-BERNBURG „Zur Paläogeographie und Kupferführung der Nordsudetischen Mulde". RICHTER-BERNBURG betrachtet meines Wissens die Erzverteilung sowohl für den Mansfelder Bereich als auch für das Gebiet der Nordsudetischen Mulde als syngenetisch-sedimentär und begründet das in allen Einzelheiten, indem er die Morphologie, das Relief und die Formgebung der Hohlformen untersuchte. Insofern kann diesem Satz LISIAKIEWICZs in keiner Weise beigepflichtet werden. Die Erzlagerstätten der Leszczynkier (Haaseler), Złotoryjacr (Goldberger) und Bolesławiecer (Bunzlauer) Mulde, die die Nordsudetische Mulde umschließen, sind unwiderlegbar sedimentär-syngenetische Meeresablagerungen.

Die erheblichen Störungen, besonders am Nordrand der Mulde, die örtlichen Erzanreicherungen bei Lubków (Libichau) in der Nähe von Raciborowice (Groß-Hartmannsdorf) sind dabei die Folgen der Erzmobilisierung bei der tektonischen Zerstückelung der ursprünglich einheitlichen und kontinuierlich ausgebildeten, sich nach Nordwesten vertiefenden Mulde. Derartige Umlagerungen und Erzmobilisierungen sind aber streng von den primären Erzbildungsvorgängen zu trennen. In Richtung von Lubków (Libichau) — nicht Lubiechowa (Hohenliebenthal) — nach Bolesławiec (Bunzlau) ist infolge der staffelförmigen Überschiebungen teilweise mit einer völligen, tektonisch begründeten Erzverarmung und Erzauslagerung zu rechnen, wie Verf. während der von ihm geleiteten systematischen Bohrarbeiten in den Jahren 1939 bis 1943 feststellen konnte. An dem Mansfelder Typ ist somit grundsätzlich nicht zu rütteln, nur sind die durch Verwerfungen begründeten Veränderungen äußerst charakteristisch und erschweren einen geordneten Abbau; ganz abgesehen davon, daß artesisch gespanntes Wasser aus Tiefen von mehr als 900 m nach oben ausfließt.

Im Vergleich zu den oberschlesischen, ebenfalls ohne Zweifel ursprünglich syngenetisch-sedimentären Blei-Zinkerzlagerstätten ist jedoch in der Nordsudetischen Mulde der ursprüngliche Lagerstättencharakter trotz der starken tektonischen Veränderungen, die zum Teil auch zu einer Mobilisierung und nachträglichen Verlagerung des Erzinhaltes geführt haben, bedeutend leichter und vor allem übersichtlicher zu erkennen.

Literatur

KEIL, K.: Die Genesis der Blei-Zinkerzlagerstätten von Oberschlesien (Górny Śląsk – Polen). – Beih. Geologie, Nr. 15, 1956.

KONSTANTYNOWICZ, E.: Die Genese der Kupferlagerstätten der äußeren sudetischen Mulde. – Erze und Nichteisenmetalle, Nr. 2, 1957.

LISIAKIEWICZ, S.: Zur Genese der Kupferlagerstätten in der nordsudetischen Senke. – Z. angew. Geol., **7**, S. 63 – 65 (1961).

NEUHAUS, A.: Über die Erzführung des Kupfermergels der Haaseler und Gröditzer Mulde in Schlesien. – Z. angew. Min., **2**, H. 3 (1939).

RICHTER-BERNBURG, G.: Zwei Beiträge zu Fazies, Tektonik und Kupferführung des Zechsteins: I. Waldeck, II. Nordsudeten. – Geol. Jb., **65**, S. 145 – 212 (1949).

Über die gravimetrische Vermessung des Vogtlandes und des Erzgebirges

Mitteilung aus dem VEB Geophysik

SIEGFRIED GROSSE, Leipzig, CHRISTIAN OELSNER, Freiberg (Sa.), & HANS BREMER, Leipzig

1. Historischer Überblick

Eine der gravimetrischen Aufgaben des VEB Geophysik während der letzten zehn Jahre war die Vermessung des Vogtlandes und des Erzgebirges mit dem randlich gelegenen Frankenberger Zwischengebirge und dem Elbtalschiefergebirge.

Die ersten gravimetrischen Arbeiten im Zwickauer Becken und im Osterzgebirge wurden 1949/1950 von WEINREICH im Auftrag der damaligen Geologischen Landesanstalt mit einem Askania-Gravimeter Gs 4 ausgeführt. Neben relativ geringer Meßgenauigkeit des Gs 4 und ungenügender Niveausicherung mittels eines entsprechenden Basisnetzes war die Meßpunktverteilung offenbar nur nach ökonomischen Überlegungen ausgerichtet worden. Spätere Anschluß- und Kontrollmessungen ergaben so erhebliche und ungleichmäßige Abweichungen, daß eine Neuvermessung einer nachträglichen Niveausicherung mit den dafür notwendigen Ergänzungsmessungen vorzuziehen war.

Von 1953 bis 1954 erfolgte die Vermessung des Vogtlandes durch HERTWIG (1955) mit den beiden 1952 angeschafften NÖRGAARD-Gravimetern. Damit wurde ein Beispiel für eine großzügige regional-gravimetrische Aufnahme in gebirgigem Gelände mit der Reduktion und Auswertung unter Berücksichtigung der Oberflächengesteinsdichten geschaffen. Einige Mängel, die sich durch noch ungenügende Dichtebestimmung ergaben, wurden bei den späteren Arbeiten im Erzgebirge vermieden.

Bis zum Beginn der gravimetrischen Erkundung des Westerzgebirges durch GROSSE, KOPF & SONNTAG (1961) im Jahre 1956 wurden neben regionalen Messungen einzelne kleine Gebiete des Erzgebirges im Freiberger und im Altenberger Raum mit direkter geologisch-lagerstättenkundlicher Zielsetzung bearbeitet

(LINKE 1957, BERGER 1959, BODDIN & HERTWIG 1954, BODDIN 1959).

Bei der Bearbeitung des Westerzgebirges wurde von KOPF, GROSSE & SONNTAG (1961) eine Feldmethode zur Dichtebestimmung an wenig porösen Gesteinen entwickelt, die später im gesamten Erzgebirge und im Frankenberger Zwischengebirge zu umfangreichen und präzisen Kenntnissen über die Dichteverteilung führte (KOPF 1961).

Unmittelbar an die Vermessung des Westerzgebirges schloß sich 1958 die des Frankenberger Zwischengebirges (BREMER 1959) und des Gebietes Bobenneukirchen–Bad Elster (OELSNER 1959) an. In diesem Jahre wurde auch mit der Bearbeitung des Osterzgebirges und eines Teiles der südlichen Elbtalzone begonnen (OELSNER 1960). Im Jahre 1959 lag somit die vollständige Vermessung eines Gebietes vor, das von der Ostthüringischen Hauptmulde bis zur Elbtalzone reicht. Innerhalb dieses Gebietes wurden noch zusätzliche Spezialmessungen bei Pottiga — Sparnberg (CONRAD 1959), Henneberg (SCHOESSLER 1961), Seiffen (BODDIN 1958) und Ehrenfriedersdorf (OELSNER 1959) ausgeführt.

Während das Vogtland und das Westerzgebirge mit NÖRGAARD-Gravimetern vermessen wurden, konnten die anderen Gebiete mit den wesentlich genauer arbeitenden Askania-Gs-11-Gravimetern untersucht werden. Dadurch und durch eine bessere Arbeitsorganisation wurde in den letzten Jahren eine erhebliche Rationalisierung bei gleichzeitiger Senkung der mittleren Fehler erreicht (Tab. 1).

Tab. 1. Verbesserung des mittleren Fehlers und der Tagesleistungen der Gravimetermessungen von 1953 bis 1959

Meßgebiet	Meßpunkte	Kalendertage	Mp/T	$\delta\Delta g$
Vogtland 1953/1954	1131	277	4,1	± 0,10
Westerzgebirge 1956/1958	1906	489	3,9	± 0,06
Frankenberger Zwischengebirge 1958	551	118	4,7	± 0,03
Osterzgebirge 1958/1959	1417	187	7,6	± 0,02

Eine ähnliche Tendenz zeigen die Auswertungsergebnisse der Abschlußberichte. Während für das Vogtland lediglich einzelne gravimetrische Tiefenbestimmungen ausgeführt wurden, konnten für das Westerzgebirge, auf den Dichtebestimmungen aufbauend, mehrere quantitative Profile vorgelegt werden. Diese wurden auch im Osterzgebirge fortgesetzt und führten schließlich zu einer Raumbilddarstellung. Neben der Verbesserung der Meßtechnik wurde damit auch eine Weiterentwicklung der wissenschaftlichen Auswertung erreicht.

Die einzelnen Abschlußberichte enthalten zahlreiche Hinweise auf geologische Lagerungsformen, insbesondere aber grundlegende Ausführungen über die Granitverteilung im Gebiet Vogtland—Erzgebirge. Die vorliegende Arbeit soll diese regionalen Ergebnisse verknüpfen und gleichzeitig die Perspektive für eine weiter reichende regionalgeologische Analyse geben.

2. Bemerkungen zur Schwerekarte

Bei der Zusammensetzung der BOUGUER-Schwerekarte aus den Karten der einzelnen Meßgebiete war zu beachten, daß im Laufe der Zeit, der internationalen Entwicklung folgend, unterschiedliche Reduktionsmethoden verwendet wurden.

Die einzelnen Reduktionen unterscheiden sich jedoch lediglich in der voneinander abweichenden Wahl des Zwischenniveaus, das im Vogtland aus einer auf regionaler Mittelbildung beruhenden, gekrümmten Fläche bestand, während in den anderen Gebieten ebene Flächen mit allerdings verschiedener Neigung gegenüber NN gewählt wurden. Unterhalb des Zwischenniveaus erfolgte die Reduktion auf NN in allen Fällen mit der Einheitsdichte $\sigma = 2{,}7\ g \cdot cm^{-3}$. Dadurch ist an den Grenzen der Meßgebiete der Anwendungsbereich der Oberflächendichte zwar etwas unterschiedlich, jedoch bleiben die sich ergebenden Differenzen so klein, daß der Zusammenschluß der Teilgebiete ohne weiteres möglich war, ohne das Regionalbild sichtbar zu verzerren. Die Berücksichtigung des Breiteneffekts erfolgte nach der Formel von HELMERT (1901).

3. Beschreibung und Deutung des Schwerebildes

Die gravimetrische Erkundung des Vogtlandes und des Erzgebirges weist außerordentlich starke Anomalien nach, die in der BOUGUER-Schweredarstellung zwischen +15 und —40 mGal liegen (vgl. Abb. 1). Der größte Teil dieses Schwereunterschieds konzentriert sich auf das Erzgebirge, das von einem stark ausgeprägten Schwereminimum, dem sogenannten „Erzgebirgsminimum" (GROSSE, KOPF & SONNTAG 1961), beherrscht wird. Die Randgebiete, insbesondere das Vogtland, zeigen kleinere Anomalien im positiven Störbereich. Während im Erzgebirge, im Elbtalschiefergebirge und im Frankenberger Zwischengebirge die Isogammenführung ausgeprägte, oft mit der bekannten Geologie in Zusammenhang stehende Richtungen erkennen läßt, ist das Gesamtschwerebild des Vogtlandes weitgehend diffus und ungerichtet.

Das Gesamtgebiet ist demnach deutlich in zwei nach Störbetrag und Linienführung getrennte Einheiten gegliedert.

HERTWIG (1955) charakterisiert das Schwerebild des Vogtlandes und des Thüringer Schiefergebirges an Hand der einzelnen Schwereminima von Bergen, Eibenstock, Eichigt, Pottiga—Sparnberg, Henneberg und Auma, die sich mit Ausnahme von Auma mit Sicherheit auf Granitintrusionen zurückführen lassen. Für die Deutung des Minimums von Auma wird jedoch ebenfalls ein Granitpluton mit einer Oberkantentiefe von höchstens 1000 m angenommen.

Interessant ist die von HERTWIG (1955) vorgenommene Zweiteilung der Minima und der zugehörigen Granite. Auf Grund der Feststellung, daß die Minima „Bergen", „Eibenstock" und „Eichigt" steile Flanken, die Minima „Pottiga—Sparnberg", „Henneberg" und „Auma" dagegen flache Flanken aufweisen, kommt er zu der Schlußfolgerung, daß die der zweiten Gruppe zugehörigen Granite ebenfalls flache Flankenneigungen aufweisen müssen, wogegen die „Vogtländischen Granite" Eichigt, Bergen und Eibenstock steile Flanken haben sollen. Weiterhin postuliert er, daß die Dichtedifferenz Granit - Umgebung der zweiten Gruppe mit zunehmender Tiefe früher verschwindet als die der ersten Gruppe. Das Verschwinden der Dichtedifferenz könnte hervorgerufen werden durch:

1. Änderung der Granitdichte,
2. Änderung der Dichte des Nebengesteins,

3. Abschluß der Granitintrusion nach unten und
4. Einmünden der Intrusion in eine „granitische Schicht", die ihrerseits eine regionale Anomalie verursacht.

Diese exakte Analyse des Schwerefeldes bestätigte sich im Verlauf der erzgebirgischen Messungen vollständig. HERTWIG versuchte auf Grund ungenauer Dichteangaben (HAMEISTER 1958), unterschiedliche Granitdichten zur Erklärung der Unterschiede zwischen den beiden obenerwähnten Gruppen heranzuziehen. Diese Deutung konnte später durch die Dichtebestimmungen von GROSSE, KOPF & SONNTAG (1961) und KOPF (1960) nicht mehr aufrechterhalten werden.

Diese Dichtebestimmungen und die gravimetrische Vermessung des Westerzgebirges durch GROSSE, KOPF & SONNTAG (1961) bestätigten die allgemeinen, von HERTWIG (1955) für das vogtländische Meßgebiet angenommenen Verhältnisse. Im Erzgebirge ergeben die Messungen das für deutsche Mittelgebirge ungewöhnlich starke Erzgebirgsminimum, das auf einen bereits 1954 von WATZNAUER vermuteten granitischen Tiefenkörper zurückzuführen ist. Nach diesem Bild gehört die erste, „vogtländische" Gruppe zum Randgebiet des erzgebirgischen granitischen Tiefenkörpers. Damit ergibt sich die tiefreichende Dichtedifferenz Granit — Nebengestein durch die entsprechend tiefreichende

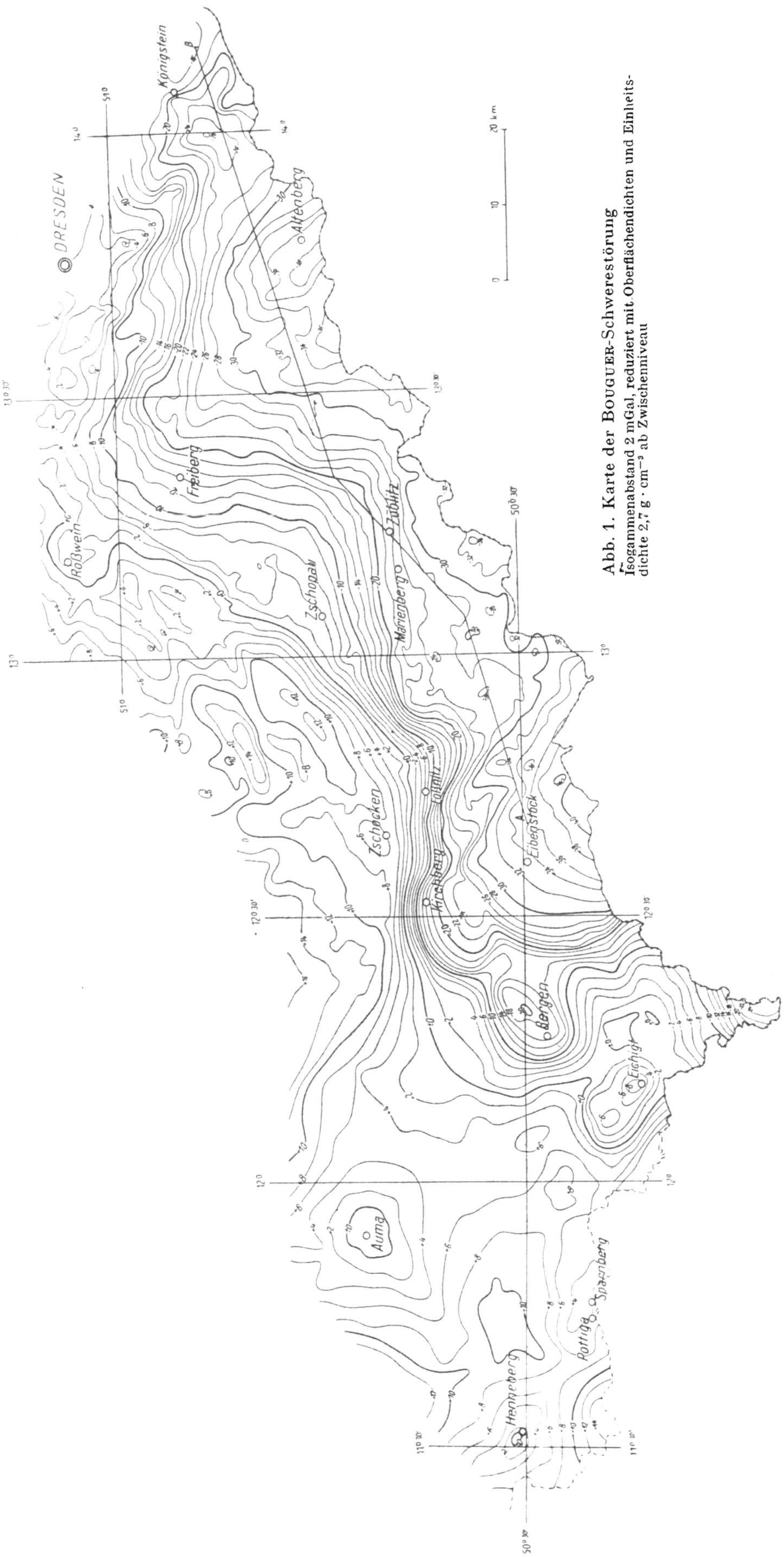

Abb. 1. Karte der BOUGUER-Schwerestörung
Isogammenabstand 2 mGal, reduziert mit Oberflächendichten und Einheitsdichte 2,7 g · cm^{-3} ab Zwischenniveau

Ausdehnung des Granits von selbst. Die steile Flankenneigung ist eine allgemeine Erscheinungsform am West- und Nordwestrand des granitischen Tiefenkörpers, die besonders am Kirchberger Granit wahrgenommen werden kann.

Bei der weiter westlich gelegenen Gruppe der Granitstöcke verschwindet die Dichtedifferenz Granit – Nebengestein entweder deshalb eher, weil sich die Plutone nicht genügend tief erstrecken und nicht wie im Erzgebirge direkt in eine „Granitflut" münden. Diese müßte sich sonst durch ein ähnlich starkes Minimum wie im Erzgebirge bemerkbar machen, wenn nicht deren Dichte um mindestens 0,1 gcm^{-3} größer ist. Das ist aber für granitisches Material sehr unwahrscheinlich. Die Granitkörper der zweiten Gruppe müßten demnach nach unten abgeschlossen sein und die Köpfe von pilzförmigen Intrusionen darstellen, die sich nach der Tiefe nur in geringmächtigen Zufuhrkanälen fortsetzen (Abb. 2a). Diese Möglichkeit, die Anomalie zu erklären, ist jedoch in Hinsicht auf den Intrusionsmechanismus der Granite unwahrscheinlich.

Eine andere Möglichkeit der Deutung besteht darin, daß eine granitische, sich durch wesentlich geringere Mächtigkeit vom erzgebirgischen granitischen Tiefenkörper unterscheidende, nach W ansteigende Schicht angenommen wird, auf der die Granite der zweiten Gruppe in nicht großer Tiefe direkt aufsitzen (Abb. 2b). Das ist jedoch gravimetrisch nicht wahrscheinlich, weil die entstehende positive Anomalie infolge des Ansteigens der mit σ_3 bezeichneten Massen hoher Dichte durch entsprechenden allmählichen Mächtigkeitszuwachs der granitischen Schicht laut Schwerebild genau kompensiert sein müßte, da nach dem Abklingen der Erzgebirgsanomalie nach W keine Regionalgradienten mehr beobachtet werden können. Die endgültige Lösung dieses Problems, die sich möglicherweise noch von den hier skizzierten Fällen unterscheidet, muß zunächst regionalgeologischen Betrachtungen vorbehalten bleiben, bis evtl. spätere tiefenseismische Untersuchungen einen erneuten geophysikalischen Beitrag liefern können.

Die Analyse des Schwerebildes des Westerzgebirges durch GROSSE, KOPF & SONNTAG (1961) wies einen sogenannten granitischen Tiefenkörper nach, der auf Grund der geringen Dichte des Granits und seiner außerordentlich tiefreichenden Erstreckung das Erzgebirgsminimum verursacht. Die Unterkante stellt vermutlich die in anderen Gebieten seismisch nachgewiesene CONRAD-Diskontinuität dar. Die speziellen Eigenarten des Schwerefeldes lassen erkennen, daß der granitische Tiefenkörper nach S durch Zuwachs an der Ober- wie an der Unterkante mächtiger wird, jedoch im S nicht über den Erzgebirgsrandabbruch hinausreicht. Das schließt nicht aus, daß südlich des Erzgebirgsrandabbruchs noch granitische Gesteine, die allerdings nicht zum granitischen Tiefenkörper zu rechnen sind, angetroffen werden. Im W endet er am Westrand des Eibenstock–Kirchberger Granitmassivs, evtl. unter randlicher Einbeziehung der Granite von Bergen und Eichigt.

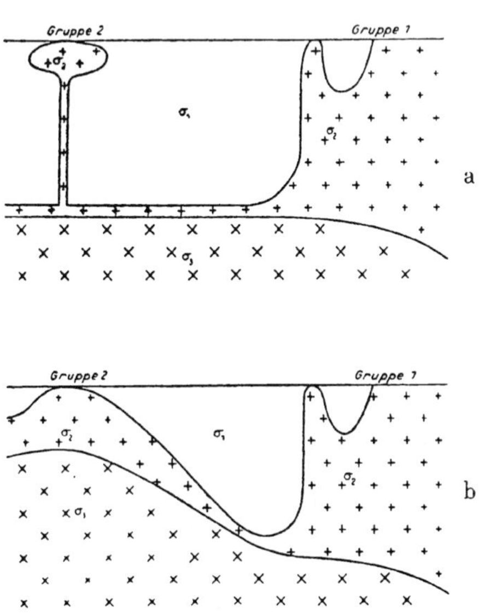

Abb. 2. Schematische Darstellung verschiedener theoretischer Möglichkeiten des Zusammenhangs zwischen der vogtländischen und thüringischen Granitgruppe

Vom Kirchberg–Eibenstocker Massiv aus erstreckt sich der Tiefenkörper unter geringer Glimmerschiefer- und Gneisbedeckung ohne Unterbrechung bis zur Elbtalzone, wobei dem Tiefenkörper einige, oft herzynisch streichende Granitplutone aufgesetzt sind. Es wurde zunächst angenommen, daß die Tiefenlage der Unterkante in erzgebirgischer Richtung keiner nennenswerten Variation unterworfen ist, wie es im Westteil des Profiles (Abb. 3) zum Ausdruck kommt. Die gravimetrische Untersuchung des Osterzgebirges durch OELSNER (1960) ergab jedoch, daß das Schwerebild des Freiberger Raumes nicht erklärt werden kann, wenn nicht eine deutliche Absenkung der Unterkante des granitischen Tiefenkörpers gegenüber den östlich und westlich liegenden Gebieten angenommen wird (vgl. Ostteil des Profiles). Diese Variante erklärt sofort, daß in einigen Profilberechnungen im Annaberg–Marienberger Raum (Westerzgebirge) etwas zu große Granitbedeckungen errechnet wurden, die durch eine Variation der Granitunterkante leicht korrigiert werden können. Das bedeutet, daß der granitische Tiefenkörper auch im Bereich des Eibenstocker Granitmassivs, wie im Freiberger Raum, zusätzlich nach unten absinkt. Diese Variante wurde jedoch wegen der geringen Absenkung der Unterkante im Profil (Abb. 3) nicht berücksichtigt.

Auch hier kann die Auswertung gravimetrischer Felder nicht eindeutig erfolgen, so daß die Wirkungen ganz oder teilweise falschen Stockwerken zugeordnet werden können. Es bleibt also zu hoffen, daß die jetzt gewonnenen Vorstellungen durch tiefenseismische Untersuchungen überprüft werden. Zur Klärung derart spezieller Fragen wie der „lokalen" Absenkungen der Granitunterkante im Eibenstocker und Freiberger Gebiet müssen diese Untersuchungen jedoch mit sehr großem Aufwand durchgeführt werden.

Ein weiteres wesentliches Ergebnis der osterzgebirgischen Messungen ist der Nachweis, daß sich im Freiberger Revier neben dem allgemeinen Vorstoß des granitischen Tiefenkörpers nach NW kein dem Tiefenkörper aufgesetzter Pluton gravimetrisch bemerkbar macht. Dadurch entsteht — wie auch im Westerzgebirge bei Marienberg und Zöblitz — das nach den jetzigen lagerstättenkundlichen Vorstellungen unwahrscheinliche Bild, daß Lagerstätten ohne Spezialaufwölbung direkt an den oberen Teilen der Nordflanke des granitischen Tiefenkörpers auftreten und praktisch auf eine direkte, lokale Entgasung des Tiefenkörpers zurückzuführen sein müßten. Auch hier liegt der nächste Schritt auf geologisch-lagerstättenkundlicher Seite in

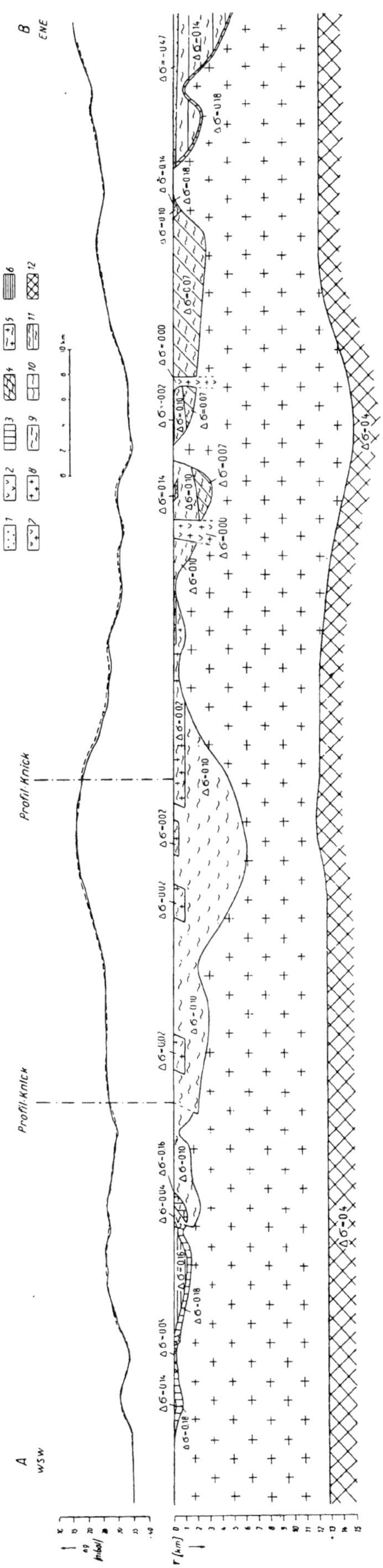

Abb. 3. Profil Eibenstock—Markersbach —— gemessene Schwere, - - - - berechnete Schwere

1 – Kreide σ = 2,15 gcm^{-3}, 2 – Quarzporphyr σ = 2,60 gcm^{-3}, 3 – Kontakt des Granites σ = [2,80 gcm^{-3}, 4 – {Unterer Grauer Gneis σ = 2,69 gcm^{-3}, 5 – Roter Gneis σ = 2,64 gcm^{-3}, 6 – Glimmerschiefer und Schiefergneis σ = 2,78 gcm^{-3}, 7 – Granitporphyr σ = 2,62 gcm^{-3}, 8 – Granit σ = 2,62 gcm^{-3}, 9 – Oberer Grauer Gneis σ = 2,72 gcm^{-3}, 10 – Dichter Gneis σ = 2,78 gcm^{-3}, 11 – Phyllit oder Altpaläozoikum σ = 2,76 gcm^{-3}, 12 – Basisches Material σ ≈ 3,00 gcm^{-3}

der Diskussion der durch die geophysikalische Erkundung aufgeworfenen Probleme.

Die Frage, inwieweit der erzgebirgische granitische Tiefenkörper an der Elbtalzone abgeschlossen ist oder mit dem Lausitzer Granodiorit in Verbindung steht, soll hier, da keine zusammenhängende Vermessung dieses Gebietes vorliegt, nicht weiter behandelt werden. Bei der Lösung dieses Problems kann auf jeden Fall die Gravimetrie einen wertvollen Beitrag leisten.

Trotzdem soll auf die Problematik eingegangen werden, die entsteht, wenn man den Lausitzer Granodiorit mit dem erzgebirgischen, granitischen Tiefenkörper in Verbindung bringt. Nimmt man an, daß der Lausitzer Granodiorit die in einem tieferen Niveau angeschnittene Fortsetzung des erzgebirgischen Tiefenkörpers darstellt, so müßte bei einem Niveauunterschied von etwa 1000 m in der Lausitz immer noch ein Tiefenkörper von mehreren km Mächtigkeit vorhanden sein, wenn man gleiche genetische und räumliche Bedingungen voraussetzt. Das würde wiederum eine kräftige negative gravimetrische Anomalie nach sich ziehen. Diese scheint jedoch nicht vorzuliegen. Der nächste Schritt wäre die Annahme größerer Sprunghöhen, soweit sie geologisch zu vertreten sind.

Da z. Z. weder genaue gravimetrische Aufnahmen der Lausitz noch entsprechende Dichtebestimmungen vorliegen, ist es angebracht, nur diese Ansatzpunkte zu skizzieren.

Abschließend soll noch kurz das nördliche Vorland des Erzgebirges behandelt werden.

Das Erzgebirgsminimum klingt nördlich der Orte Kirchberg, Lösnitz, Zschopau, Roßwein sehr rasch ab, wobei der Gradient im W am größten ist und nach E praktisch kontinuierlich abnimmt.

Der somit bestehende Schwereanstieg nach N wird damit erklärt, daß die Oberkante des granitischen Tiefenkörpers in größere Tiefen absinkt, die Unterkante dagegen ansteigt. Gravimetrisch kann jedoch nicht festgestellt werden, ob der Tiefenkörper nach N völlig abgeschlossen ist oder in eine allgemeine Granitschicht einmündet, wie das in Profildarstellungen von GROSSE, KOPF & SONNTAG (1961) und OELSNER (1960) angenommen wird. Wenn diese Auffassung auch wahrscheinlicher ist, so wären doch auch hierzu tiefenseismische Untersuchungen von größtem Interesse.

Ähnlich wie im Vogtland befinden sich auch im nördlichen Vorland des Erzgebirges lokale Anomalien, die entsprechende Granitstöcke vermuten lassen.

Um eine ähnliche „Klassifizierung" wie im Vogtland und SE-Thüringen vorzunehmen, soll hier noch das Verhältnis der Minima von Zschocken und Roßwein zum Erzgebirgsminimum und damit zum granitischen Tiefenkörper behandelt werden. Als Ursache für das Minimum von Zschocken käme eine tiefliegende, an Umfang geringfügige Granitaufwölbung in Frage, die evtl. in größerer Tiefe einem schwachen NE streichenden Granitrücken aufgesetzt ist. Die Vermutung eines tiefliegenden Granitrückens ergibt sich aus einer schwachen Schwereminusachse, die mit NE-Richtung das Erzgebirgische Becken bei Lichtenstein überquert. Man kann darin den Hinweis auf eine mögliche, mit Granitaufwölbungen besetzte, von Eichigt, Bergen und Kirchberg bis über Zschocken hinausreichende Störzone sehen, in der Zschocken jedoch deutlich vom Tiefenkörper abgelöst ist.

Die Anomalie Roßwein schließt sich dagegen direkt an das Erzgebirgsminimum an. In ihrer Ausbildung bestehen jedoch deutliche Unterschiede zu den vogtländischen „Randanomalien" Bergen und Eichigt. Ebenso wie die Flanke des granitischen Tiefenkörpers im E flacher ist als im W, zeigt das Minimum von Roßwein einen Granitpluton an, der zwar, wie der Bergener Granit, an den Tiefenkörper angegliedert ist, im Gegensatz dazu aber tiefer liegt und flache Flankenneigungen aufweist.

Die gravimetrische Erkundung des Gebietes hat gezeigt, daß sich Granitintrusionen und granitische Tiefenkörper sehr stark im gravimetrischen Bild widerspiegeln, wodurch es möglich wird, zahlreiche Hinweise und Berechnungen über die Lagerungsformen und Massenverteilung zu geben. Sehr aufschlußreich ist dabei der Vergleich der den Granitkörpern zugehörigen gravimetrischen Anomalien untereinander, da daraus wesentliche Schlußfolgerungen über die Tiefenerstreckung des Granits gezogen werden können.

Zusammenfassung

Die gravimetrische Vermessung des südlichen Grenzgebiets der Deutschen Demokratischen Republik vermittelt grundlegende Erkenntnisse über die Granitverteilung Südostthüringens, des Vogtlandes und des Erzgebirges. Auf Grund des für deutsche Mittelgebirge ungewöhnlich starken Erzgebirgsminimums kann für das Erzgebirge ein außerordentlich mächtiger granitischer Tiefenkörper nachgewiesen werden. Die vogtländischen Granite können als steile, aus größerer Tiefe aufragende Granitaufwölbungen im Randgebiet des erzgebirgischen granitischen Tiefenkörpers, die südostthüringischen dagegen als flache Aufwölbungen wahrscheinlich geringerer Tiefenreichweite gedeutet werden.

Im nördlichen Vorland des Erzgebirges werden durch die gravimetrischen Minima von Zschocken und Roßwein tiefliegende Granitplutone wahrscheinlich gemacht und ihr Verhältnis zum erzgebirgischen granitischen Tiefenkörper untersucht.

Резюме

Гравиметрическая съемка южной пограничной области Германской Демократической Республики дает основные познания о распределении гранитов в юго-восточной Тюрингии, в Фогтланде и в Рудных горах. В результате необычайно сильного для немецких средних гор рудногорского минимума может быть доказано для Рудных гор чрезвычайно мощное глубинное тело. Граниты Фогтланда можно понимать как крутые, доходящие до больших глубин гранитные своды в периферийной области рудногорского гранитного глубинного тела, между тем как граниты юговосточной Тюрингии интерпретируются как пологие своды, вероятно не доходящие до больших глубин.

В области к северу от Рудных гор на основе гравиметрических минимумов около Цшоккен и Россвейн вероятны глубокозалегающие гранитные плутоны; обсуждается их отношение к рудногорскому глубинному гранитному телу.

Summary

The gravimetric survey of the southern frontier-area of the German Democratic Republic imparts fundamental knowledge of the distribution of granite in Southeast Thuringia, in the Vogtland and Erzgebirge. As a result of the intensity of the Erzgebirge minimum being unusual for German uplands, an extraordinarily thick granitic pluton can be demonstrated for the Erzgebirge. The granites of the Vogtland can be explained as granitic uplifts standing out boldly from greater depth in the marginal area of the Erzgebirge granitic pluton, those of Southeast Thuringia, however, admit to be interpreted as flat uplifts of probably smaller vertical extent.

In the northern foreland of the Erzgebirge deep-seated granite plutons are made probable by the gravimetric minima found at Zschocken and Roßwein. Their relation with the granitic pluton of the Erzgebirge is investigated.

Literatur

BERGER, I.: Studien zur geophysikalischen Prospektion im Gebiet Freiberg-Brand (Sächsisches Erzgebirge). — Geophysik und Geologie, Folge 1, S. 35—47, 1959.

BODDIN, H.: Abschlußbericht über Gravimetermessungen im Gebiet Seiffen. — VEB Geophysik, Leipzig 1958 (unveröff.).

— Abschlußbericht über Gravimetermessungen im Gebiet Altenberg-Löwenhain. — VEB Geophysik, Leipzig 1959 (unveröff.).

BODDIN, H. & G. HERTWIG: Abschlußbericht über Gravimetermessungen im Gebiet Dippoldiswalde-Altenberg. — VEB Geophysik, Leipzig 1954 (unveröff.).

BREMER, H.: Abschlußbericht über Gravimetermessungen im Gebiet Frankenberger Zwischengebirge. — VEB Geophysik, Leipzig 1959 (unveröff.).

CONRAD, W.: Abschlußbericht über Gravimetermessungen im Gebiet Pottiga. — VEB Geophysik, Leipzig 1959 (unveröff.).

GROSSE, S., M. KOPF & K. SONNTAG: Ergebnisse der Gravimetermessungen im Westerzgebirge. — Freib. Forsch.-H., C 110, 1961.

HAMEISTER, E.: Über die Raumerfüllung von Graniten, insbesondere der des Harzes und des Westerzgebirges. — Ber. geol. Ges. DDR, 3, S. 202 bis 208 (1958).

HERTWIG, G.: Abschlußbericht über Gravimetermessungen im Gebiet Vogtland. — VEB Geophysik, Leipzig 1955 (unveröff.).

KOPF, M.: Dichtebezirkskarte des Meßgebietes Schwarzburger Sattel. — VEB Geophysik, Leipzig 1960 (unveröff.).

— Dichtewerte von Gesteinen des Erzgebirges und der angrenzenden Gebiete. — Z. angew. Geol., 7, S. 301—302 (1961).

KOPF, M., S. GROSSE & K. SONNTAG: Dichtebestimmungen an Gesteinen des Westerzgebirges. — Freib. Forsch.-H., C 110, 1961.

LINKE, J.: Abschlußbericht über Gravimetermessungen im Gebiet Freiberg-Brand. — Dipl.-Arb., VEB Geophysik, Leipzig 1957 (unveröff.).

OELSNER, C.: Abschlußbericht über Gravimetermessungen im Gebiet Ehrenfriedersdorf. — VEB Geophysik, Leipzig 1959 (unveröff.).

— Abschlußbericht über Gravimetermessungen im Gebiet Bobenneukirchen-Bad Elster. — VEB Geophysik, Leipzig 1959 (unveröff.).

— Abschlußbericht über Gravimetermessungen im Gebiet Osterzgebirge. — VEB Geophysik, Leipzig 1960.

SCHOESSLER, K.: Abschlußbericht über Gravimetermessungen im Gebiet Henneberg. — VEB Geophysik, Leipzig 1961 (unveröff.).

WATZNAUER, A.: Die Erzgebirgischen Granitintrusionen. — Geologie, 3, S. 688—706 (1954).

WEINREICH, A.: Gravimetermessungen im Osterzgebirge und im Zwickauer Becken. — Karte der BOUGUER-Störung (unveröff.).

Zeichnerische Auswertung geologischer Bohrungen

CHRISTOPH ADAM & KARL DÖGEL, Freiberg (Sa.)

Die geologischen Erkundungsbetriebe der DDR und ihre Stützpunkte fertigen jährlich viele Ergebnisberichte über geologische Erkundungsbohrungen an. Diese Berichte enthalten neben dem Text meist umfangreiche zeichnerische Anlagen, die in gleichem Maße auf geologische und wirtschaftliche Belange abgestimmt sein müssen.

Dem kartographischen Zeichner obliegt dabei die nicht immer leichte Aufgabe, Untersuchungsergebnisse bzw. geologische Auswertungen in anschaulicher Weise Nichtgeologen verständlich zu machen.

Einem Ergebnisbericht über eine Lagerstättenerkundung werden zunächst Übersichtskarten und Speziallagepläne der Bohrungen beigefügt. Als Übersichtskarten dienen meist Kartenausschnitte im Maßstab 1 : 25000, in denen das Erkundungsgebiet nur grob dargestellt ist, aber wichtige Verkehrswege sowie Betriebsanlagen eingetragen sind. Die Speziallagepläne sollen sämtliche im Erkundungsgebiet gestoßenen Bohrungen enthalten. Zweckmäßig ist auch eine Hervorhebung bauwürdiger Lagerstättenteile sowie nach Möglichkeit eine vereinfachte Darstellung der Geologie. Außerdem soll aus diesen Plänen die Lage der geologischen Schnitte ersichtlich sein. Die Pläne müssen mit einer übersichtlichen Signatur versehen und farblich gut gestaltet sein.

Geologische Schnitte sind für eine Lagerstättenbeurteilung unentbehrlich, da sie dem Geologen und auch dem Wirtschaftler eine schnelle räumliche Orientierung ermöglichen.

Der kartographische Zeichner muß bei seiner Arbeit viel Einfühlungsvermögen besitzen. Er muß sich an Hand von Schichtenverzeichnissen und Erläuterungen in eine ihm zunächst unbekannte Lagerstätte hineindenken können und in Kürze eine Vorstellung darüber verschaffen, was der Geologe während eines längeren Zeitraums gesehen und nach und nach aufgezeichnet hat. Er muß bestrebt sein, die geologischen Beobachtungen möglichst naturgetreu und dabei doch übersichtlich und vereinfacht darzustellen.

Im folgenden sollen verschiedene Möglichkeiten der Auswertung geologischer Bohrungen behandelt werden:

1. Säulenprofile

Wurden in einem Erkundungsgebiet nur vereinzelte Tastbohrungen gestoßen oder sind die geologischen Lagerungsverhältnisse so kompliziert, daß eine Darstellung in Schnitten nicht möglich ist, werden die Schichtenverzeichnisse der einzelnen Bohrungen nur in Form von Säulenprofilen ausgewertet.

Abb. 1. zeigt eine nicht orientierte Darstellung, in der Säulenprofile von Bohrungen einfach nebeneinander gestellt wurden.

In Abb. 2 werden grob orientierte Säulenprofile dargestellt, in denen bereits im Schnitt eine Trennung von Pleistozän und Tertiär erfolgen konnte.

2. Geologische Schnitte

Gewöhnlich erfolgt die Auswertung geologischer Erkundungsbohrungen durch Schnitte. Einander entsprechende Schichtenfolgen der Bohrungen werden dabei rein schematisch, geradlinig oder durch den natürlichen Verhältnissen angepaßte Kurven verbunden. Diese Horizontierung verlangt bei komplizierten geologischen Lagerungsverhältnissen vom Geologen und vom kartographischen Zeichner großes Kombinations-

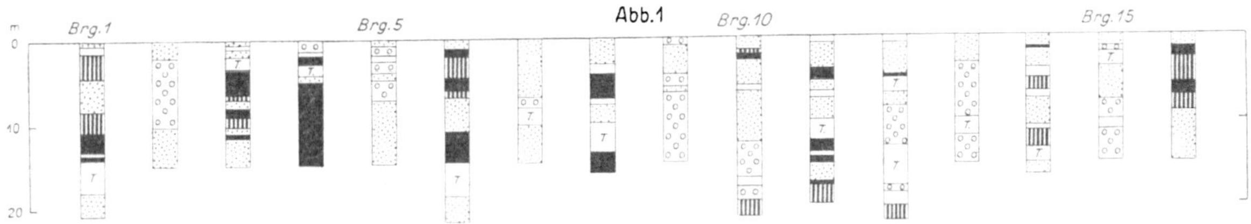

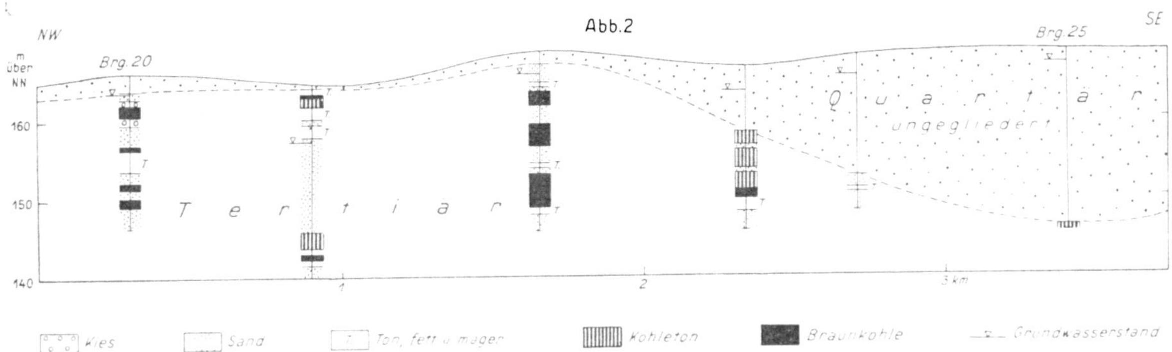

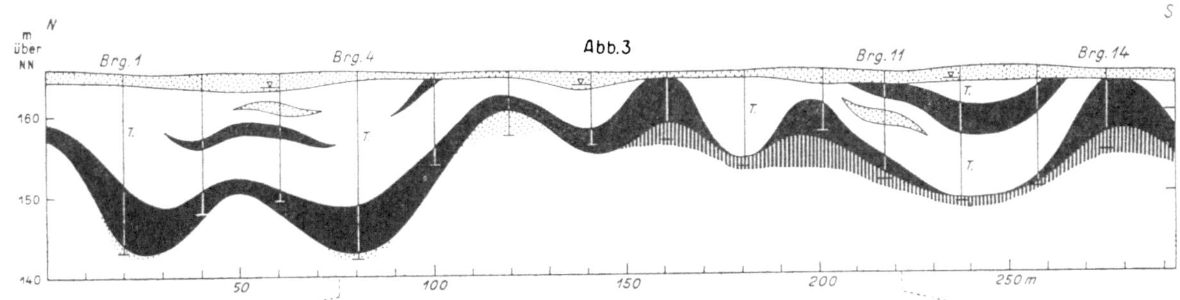

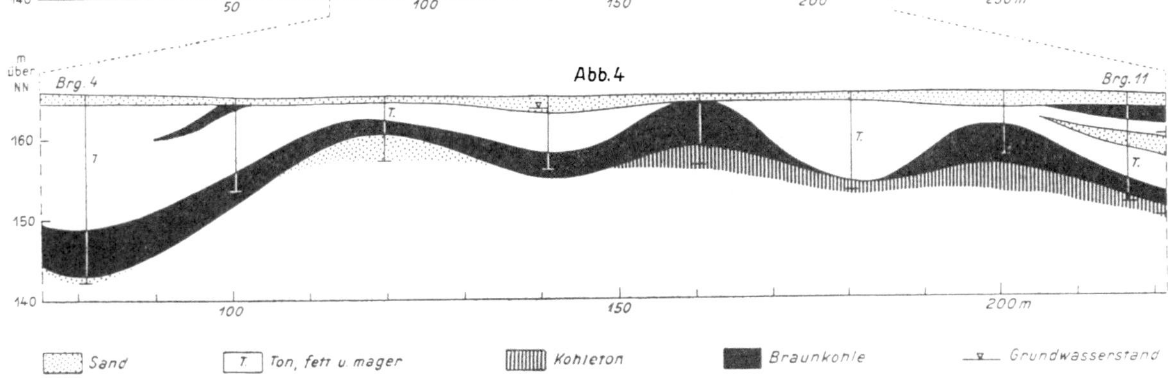

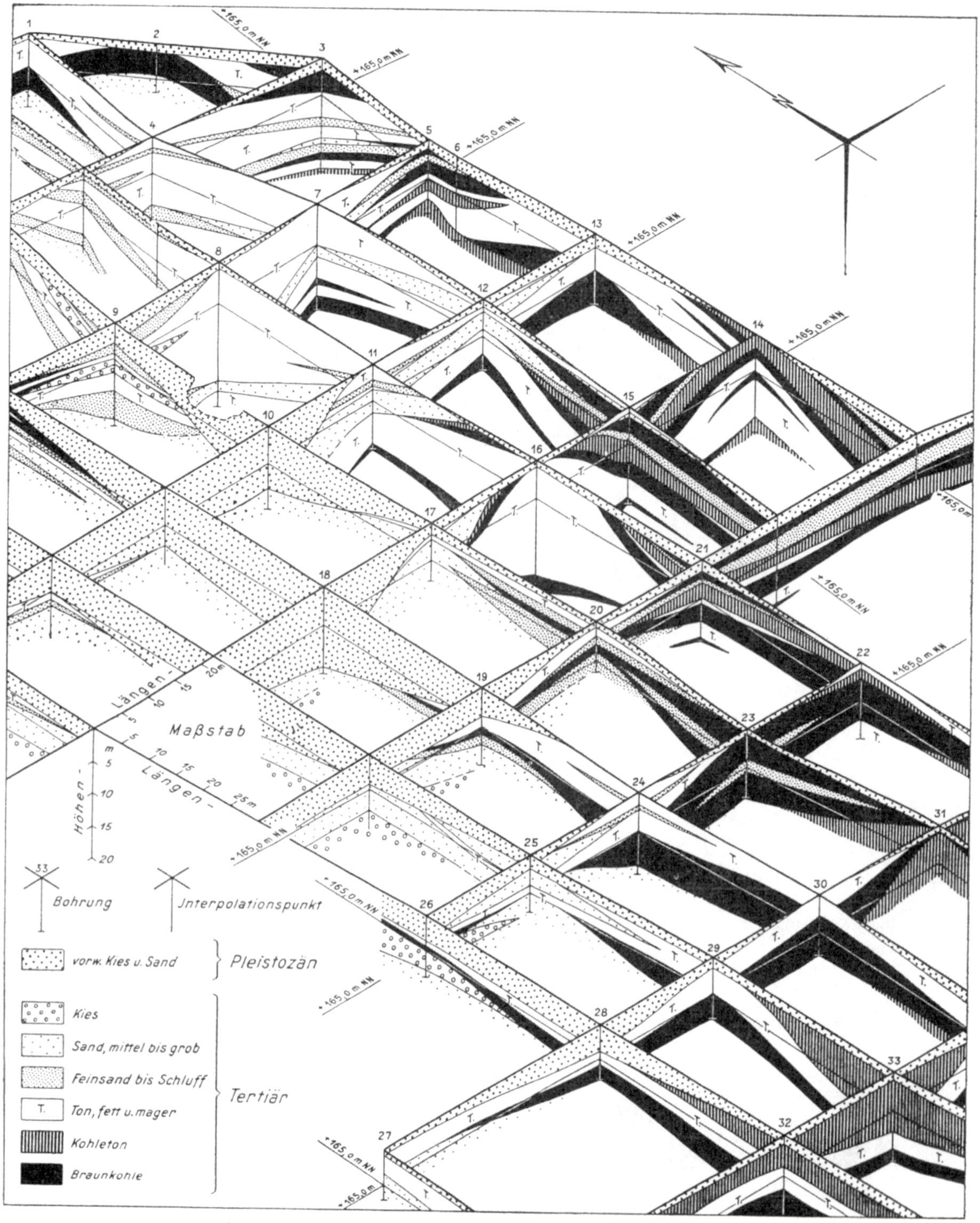

Abb. 5. Isometrische Parallelperspektive

vermögen. Oftmals haben die Bohrungen nicht alle Schichten erfaßt, so daß Ergänzungen vorgenommen werden müssen. Da zum anderen in den Schnitten nicht alle erbohrten Schichtenfolgen wiedergegeben werden können, müssen hier die Ergebnisse der Bohrungen zusammengefaßt werden.

Die verschiedenen Signaturen für die geologischen Schnitte sowie Formate und Beschriftung der Schnitttafeln, die in der TGL 6429 (100) enthalten sind, können hier nicht behandelt werden. Von den DIN-Formaten wird oft aus Gründen der Materialersparnis abgewichen. Bei der Wahl des Formates sollen auch die spätere Handhabung der Tafeln mit berücksichtigt und die Faltstellen auf ein Minimum beschränkt werden. Bei langen Schnitten ist es oft günstiger, mehrere Tafeln in DIN-A-4-Höhe anzufertigen, die dann fächerförmig auseinanderzuziehen und dabei trotz ihrer Länge weniger empfindlich als vielfach gefaltete große Tafeln sind.

Geologische Schnitte sollen orientiert sein. Bei parallelen oder annähernd parallelen Schnitten wird vor der

Konstruktion auf dem Lageplan eine gemeinsame Bezugslinie (Leitlinie) festgelegt. Um einen räumlichen Effekt zu erzielen, müssen die Schnitte auf den Lageplan abgestimmt sein, der im allgemeinen nach Norden orientiert ist. Parallele W—E-Schnitte (bzw. WNW—ESE- oder WSW—ENE-Schnitte) sollen so angeordnet sein, daß der nördlichste Schnitt auf der Schnittafel oben und der südlichste Schnitt unten zu liegen kommen. Weiterhin empfiehlt es sich, N—S- (bzw. NNE—SSW- oder NNW—SSE-) Schnitte und nicht S—N-Schnitte zu zeichnen.

Wird eine Lagerstätte durch geologische Schnitte dargestellt, dann muß der mineralische Rohstoff entsprechend seiner volkswirtschaftlichen Bedeutung farblich oder durch stärkere Signaturen hervorgehoben werden. Gleichzeitig ist eine Markierung der Bauwürdigkeitsgrenzen mit Angabe des Verhältnisses Abraum: Nutzschicht (A : N), der Probennahmestellen und der Grundwasseranschnitte zu empfehlen.

Besonders wichtig ist die richtige Wahl des Maßstabs und der Überhöhung. Kompliziert gebaute Lager-

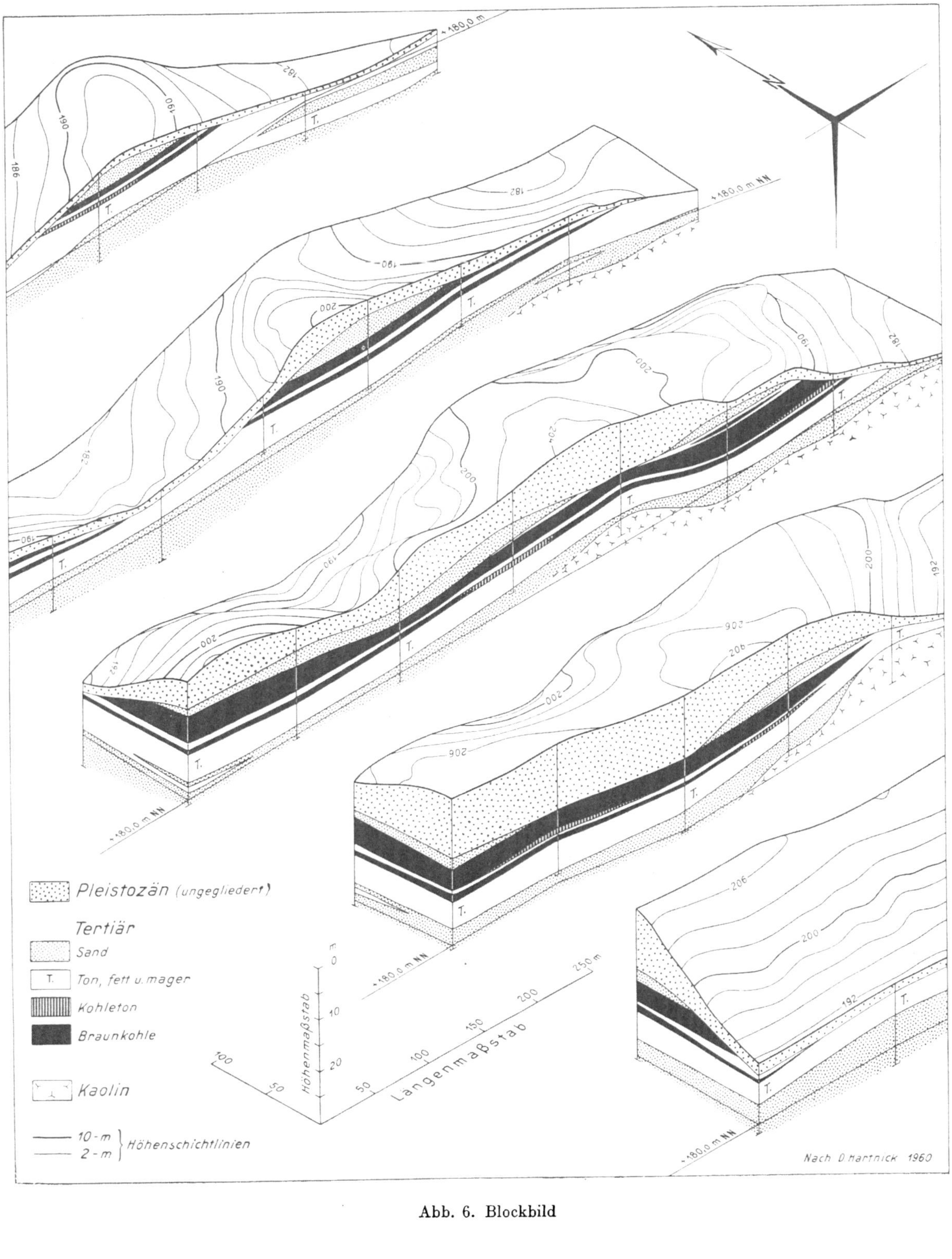

Abb. 6. Blockbild

stätten, z. B. pleistozän gestauchte Tertiärgebiete, sollten grundsätzlich ohne Überhöhung gezeichnet werden (Abb. 4). Bereits eine doppelte Überhöhung würde nur noch kompliziertere Verhältnisse vortäuschen (Abb. 3).

Fünf- und mehrfache Überhöhungen sollten nur bei der Auswertung von Tastbohrungen im Bereich einfacher Lagerstätten, z. B. Kaolinvorkommen, verwendet werden.

3. Isometrische Raumbilder

Komplizierte geologische und morphologische Verhältnisse werden oft durch ein Raumbild dargestellt. Sind in einem morphologisch ruhigen Bohrgebiet komplizierte geologische Verhältnisse vorhanden, was bei pleistozänen Stauchgebieten im Flachland häufig der Fall ist, sollte als Darstellungsart die isometrische Parallelperspektive gewählt werden (SCHUSTER 1954). Diese Darstellungsart setzt allerdings voraus, daß die Bohrteufe nicht größer ist als die Abstände der Bohrungen (Abb. 5).

Der Darstellung liegt ein auf die Spitze gestellter Würfel zugrunde, dessen drei sichtbare Seiten ein regelmäßiges Sechseck bilden. Die Konstruktion erfolgt mit dem von der Firma SCHÄFER, Plauen (Vogtl.), unter der Bestellnr. 597 vertriebenen Netzpapier mit Millimetereinteilung.

Die isometrische Parallelperspektive hat u. a. den Vorteil, daß in der Richtung der den Quadratseiten des Würfels entsprechenden Rautenseiten keine Verzerrungen auftreten. Auch kann die Abtragung der Schichtenfolgen und eine eventuelle Überhöhung in gleicher Weise wie bei geologischen Schnitten erfolgen, nur daß hier zwischen dem Profil der Einzelbohrung und der Schnittlinie ein Winkel von 120° (Altgrad) vorhanden ist. Außerdem können Bohrungen, die nicht auf den Schnittlinien liegen, lagemäßig exakt erfaßt werden.

Treten im Bohrgebiet größere Höhenunterschiede auf, dann kann eine perspektivische Auswertung durch ein isometrisches Anschauungsbild (Blockbild) erfolgen (Abb. 6).

Die Konstruktion der Höhenlinien ist aus dem Lageplan (Grundriß) mit Hilfe eines Perspektivzeichners möglich, wie er z. B. von LI TSIAN SIAN (Nachrichten der Akad. Wiss. UdSSR, 1955) entwickelt wurde. Die geologischen Verhältnisse können aus normalen geologischen Schnitten übernommen werden, wobei auch eine Überhöhung gestattet ist.

Das Anschauungsbild hat den Vorteil, daß es außerordentlich plastisch wirkt und somit auch dem Laien verständlich ist.

Literatur

NIEMCZYCK, O.: Bergmännisches Vermessungswesen. — 2. Bd., Akad.-Verl., Berlin 1956.

SCHUSTER, M.: Das geographische und geologische Blockbild. — Akad.-Verl., Berlin 1954.

WAGENBRETH, O.: Geologisches Kartenlesen und Profilzeichnen. — Teubner-Verl., Leipzig 1958.

Nachrichten der Akademie der Wissenschaften der UdSSR, Geograph. Serie, H. 6, 1955.

Die Tonindustrie Brandenburgs, ihre Lagerstätten und Perspektiven

WALTER MEHNER, Berlin

1. Vorbemerkung

Obwohl der Baustoff „Beton" in den letzten Jahren an Bedeutung gewinnt und steigende Anforderungen im Bauwesen zu erfüllen hat, bleibt jedoch nach wie vor die Tonindustrie ein wichtiger Produzent für grobkeramische Erzeugnisse, insbesondere für größere Werke und Betriebe, die wertvollere Erzeugnisse herstellen.

Im ehemaligen Land Brandenburg, das die drei Bezirke Potsdam, Frankfurt und Cottbus umfaßt, bestehen bereits von alters her tonverarbeitende Betriebe. Einige davon mußten stillgelegt werden, weil der Rohstoff erschöpft war oder der kapitalistische Konkurrenzkampf dazu zwang. Nach 1945 wechselten die Besitzer; mit den alten Unternehmern verschwanden vielfach die betrieblichen Bohrpläne und Vorratsübersichten. Nach 1950 war es eine vordringliche Aufgabe der Staatlichen Geologischen Kommission, insbesondere des Geologischen Dienstes Mitte, diese Unterlagen für die volkseigene Tonindustrie in der Nähe Berlins und in Brandenburg erneut zu schaffen. Mit dem Erstarken der volkseigenen Wirtschaft hat sich diese Erkundungsaufgabe gewandelt, die anfängliche Vorfelderkundung zur Sicherung der Produktion für die nächsten Jahre wurde von dem Aufsuchen neuer Lagerstätten abgelöst.

Im folgenden wird an Hand von zahlreichen Erkundungsberichten des Geologischen Dienstes Mitte ein zusammenfassendes Bild über die Tonlagerstätten Brandenburgs und die Perspektiven der Tonindustrie gegeben. Ähnliche lagerstättenkundliche Zusammenfassungen liegen z. B. aus dem mitteldeutschen Raum vor (POMPER 1957, 1958).

Tab. 1. Zur Geologie der Tonlagerstätten Brandenburgs

Lagerstätte	Geologisches Alter	in Mill. Jahren	Entstehung
Auelehm-Schlick	Holozän	unter 0,02	aus Überschwemmungen in Flußniederungen
Bänderton-mergel	Pleistozän	unter 1,0	glazifluviatil-limnische Ablagerungen in Stauseen, bes. südlich des jeweiligen Inlandeisrandes, aus aufgearbeiteter Grundmoräne entstanden
Inter-glazialton	Pleistozän	unter 1,0	warmzeitliche Bildungen zwischen den Eisvorstößen
Geschiebe-mergel	Pleistozän	unter 1,0	Moräne des Inlandeises
„Flaschen-ton"	Miozän	ca. 5–15	Binnenseeablagerungen der Lausitz aus tonigen Verwitterungsrückständen feldspatreicher magmatischer Gesteine der südlichen Massive
feuerfester Ton	Miozän	ca. 5–15	
„Septarien-ton"	Mitteloligozän	ca. 25–35	Meeresablagerungen, durch Krustenbewegungen herausgehoben, vom Inlandeis als wurzellose Schollen abgeschert
Rötton	Trias (Buntsandstein)	ca. 180	marin-lagunäre Tonmergel mit Dolomit- und Gipslagen

Abb. 1. Tonindustrie Brandenburgs und ihre Rohstoffe (Stand vom Januar 1960)

I – kleine Betriebe, II – mittlere Betriebe, III – große Betriebe

Rohstoffe

1 – Schlick/Aulehm (Holozän); 2 – Bändertonmergel (Pleistozän); 3 – Interglazialton (Pleistozän); 4 – Geschiebemergel (Pleistozän); 5 – Flaschenton (Miozän); 6 – feuerfester Ton (Miozän); 7 – Septarienton (Mitteloligozän); 8 – Zuschlagton für Zement (Röt); 9 – Rohstoff als Fremdton bezogen; 10 – Rohstoff zur Verarbeitung abgegeben; 11 – Bindung zu Kombinaten; 12 – erkundete wertvollere Tonlagerstätten ohne Nutzung; 13 – Erkundungsbohrungen, vom Geologischen Dienst Mitte durchgeführt; 14 – Eisrandlagen (nach Keilhack 1921 und Woldstedt 1935)

2. Geologie der Tonlagerstätten

Wie Abb. 1 zeigt, bestehen die von den Ziegelwerken Mittel- und Nordbrandenburgs genutzten Lagerstätten vorwiegend aus eiszeitlichen Ablagerungen, die der Niederlausitzer Tonindustrie hingegen aus Ablagerungen des Tertiärs. Hinzu kommen für Ziegelwerke an Havel und Elbe recht junge, aber plastische Bildungen des Holozäns, ferner für das nördliche Brandenburg die alttertiären „Septarientone" und auf der Struktur Rüdersdorf bei Berlin hoch heraustauchende Röttone aus dem Erdmittelalter. Tab. 1 zeigt Alter und Entstehung der Tonlagerstätten.

Diese Verbreitung der Lagerstätten beruht auf der geologischen Situation Brandenburgs, in dessen nördlichem und mittlerem Teil, abgesehen von eiszeitlichen Stauchungsgebieten und älteren Krustenbewegungen, der tertiäre Untergrund durch mächtige eiszeitliche Schichtenpakete bedeckt ist, während er in der Niederlau-

Tab. 2. Rohstoffe der Tonindustrie Brandenburgs

Rohstoff	Eigenschaften	Verwendung	Tonindustrie (Bezirk)
Auelehm-Schlick	meist plastisch durch hohen Kornanteil unter 0,002 mm, fast sand- u. kiesfrei, gröbere Durchwurzelungen störend	Dachziegel Hintermauerziegel (Brenntemp. 900—1000° C)	Bützen (Bez. Potsdam), Mühlberg (Bez. Cottbus) Päwesin (Bez. Potsdam)
Bändertonmergel	häufigster Ziegelrohstoff Brandenburgs. Wechsel von breiteren hellen sandig-schluffigen Sommerlagen und dunklen dünneren tonigen Winterlagen (Warvenbänderung, vgl. Abb. 3). Im allgemeinen gering plastisch, Kalk in feiner Verteilung oder als Knollen, z. T. infolge höheren Sulfatgehaltes Ausblühungen	Hintermauer- oder Vormauerziegel nach guter Aufbereitung (Kollergang, Walzwerk, evtl. Tauche). Brenntemp. 900—1000°	Wittstock, Groß-Zerlang, Zehdenick — Gransee, Deetz, Glindow, Rädel, Reetz — Niemegk—Nichel, Glienick—Klausdorf (Bez. Potsdam); Finow, Neuenhagen—Altglietzen, Herzfelde, Lichtenow, Frankfurt, Kossenblatt, Lieberose (Bez. Frankf.); Jessen—Gorrenberg—Schweinitz, Werenzhain, Lauchhammer, Lübben, Eichow, Leuthen, Atterwasch, Saalau (Bez. Cottbus)
Interglazialton	meist kalkfreie Schichtenpakete von tonigem Schluff u. schluffiger Kieselgur m. Vivianit, fossilreich	± leichte, isolierende Mauerziegel (bei genügend tonigem Anteil). Brenntemp. 900°	Stalinstadt (Bez. Frankfurt)
Geschiebelehmmergel	sand- u. kiesführender Schluffmergel mit Steinen und Kalkknollen, meist mager	Mauerziegel, Klinker bei plastischer Ausbildung. Brenntemp. 900—1200° C	Giesensdorf, Luckenwalde, Krahnepuhl (Bez. Potsdam); Neu-Petershain (Bez. Cottbus)
„Flaschenton“	auf tertiären Hochflächen der Niederlausitz über dem oberen Kohlenhorizont in zumeist plastischer Ausbildung, jedoch mit Sand- und Kohlenlagen durchsetzt, z. T. Pyrit in feiner oder konkretionärer Verteilung, Ausblühungen möglich	Vormauerziegel, Hohlware, Steinzeug, Klinker, Blumentöpfe, Futtertröge, bei Zusatz von Farberden auch Dachziegel. Gute Aufbereitung durch Sumpfen, Magern, Halden. Brenntemp. bis 1200°	Wittmannsdorf, Crinitz, Calau, Hohenleipisch, Plessa, Lichterfeld Großräschen, Neu-Petershain, Jessen/Spremberg, Bröthen, Neustadt, Weißwasser—Muskau, Klein-Kölzig (sämtlich Bez. Cottbus)
Feuerfester Ton	30—40% Al_2O_3, unter 3% Fe_2O_3, Sinterpkt. 1300°—1500°, Schmelzpkt. über 1600° a) tonerdereiche Abart des Flaschentons b) tonerdereicher gebänderter Schluff eines tieferen miozänen Horizonts	Schamottesteine, ferner zur Herstellung vom Aluminiumsulfat für die chem. Industrie, evtl. auch Leichtschamotte	Gröden, Rietschen, Hosena (Bez. Cottbus)
„Septarienton“	massiger, plastischer und zäher Tonmergel mit tonigen Kalkgeoden (Septarien), Pyrit und Gips, zu Ausblühungen neigend, durch höheren Gehalt an alkalischen Flußmitteln nicht feuerfest	nach guter Aufbereitung Deckensteine, Drainröhren, evtl. Dachziegel. Brenntemp. um 1000° C	Bad Freienwalde, Werbellinsee (Bez. Frankfurt); Meyenburg (Bez. Potsdam)
Rötton	geschichteter Schiefertonmergel, SiO_2-, CaO- und Al_2O_3-Komponente erwünscht, höherer Magnesium- und Sulfatgehalt (Dolomit, Gips) unerwünscht	Zuschlagton für Zement	Rüdersdorf (Bez. Frankfurt)

sitz mit Annäherung an die alten Massive höher herraustaucht oder durch den umgehenden Braunkohlenabbau in größerer Tiefe aufgeschlossen ist.

3. Der Rohstoff

Mit der Kenntnis von der Entstehung der Tonlagerstätten sind zugleich allgemeine Hinweise über die guten und schädlichen Eigenschaften des Rohstoffes gegeben.

Tab. 3. Ungestörte und gestörte Tonlagerstätten Brandenburgs

Lagerstättengruppe	Lagerstättenbild	Beispiellagerstätten
ungestört	horizontale Lagerung, gleiche Rohstoffmächtigkeiten und -qualitäten	Bez. Potsdam: Zehdenick, Wittstock Bez. Frankfurt: Herzfelde, Neuenhagen/Altglietzen Bez. Cottbus: Neupetershain, Spezialton Kohlentagebau Klettwitz
mäßig gestört	schwach gefaltet u. (oder) mäßige Auswaschungen bzw. Rohmaterialmächtigkeit und -qualität wechselnd	Bez. Potsdam: Glienick, Luckenwalde, Krahnepuhl, Nichel Bez. Frankfurt: Finow, Werbellinsee, Welsow, Bad Freienwalde, Lichtenow, Frankfurt Bez. Cottbus: Eichow, Lübben, Calau, Lichterfeld, Großräschen, Saalau/Wittichenau und die Tonlagerstätten in den Kohlentagebaugebieten Plessa, Heide, Welzow-Süd und Nochten
stärker gestört	stark gestaucht bzw. ausgewaschen und (oder) starke Mächtigkeits- und Qualitätsschwankungen	Bez. Potsdam: Meyenburg, Groß-Zerlang, Nennhausen, Rädel, Glindow, Klausdorf, Niemegk/Reetz Bez. Frankfurt: Bralitz, Stalinstadt Bez. Cottbus: Atterwasch, Wittmannsdorf, Crinitz, Klein-Kölzig, Weißwasser-Muskau, Rietschen, Bröthen

Die bisherigen Erfahrungen der Tonindustrie deuten, vorbehaltlich eingehender Bemusterung, die Verwendung des Rohmaterials an (Tab. 2).

4. Das Lagerstättenbild

Da sich die Tonlagerstätten, abgesehen vom Geschiebemergel, im Wasser gebildet haben, sind ihre Schichten ursprünglich horizontal abgelagert worden. Dieses ungestörte Bild ist in einer Reihe von Tongruben noch erhalten, in vielen Lagerstätten jedoch mehr oder weniger gestört. Als Ursachen sind in unserem Bereich vornehmlich die Stauchungen durch das Inlandeis und die Auswaschungen der Lagerstätten, besonders durch eiszeitliche Schmelzwässer, anzusehen. Jene Kräfte falten und zerreißen die Schichten, diese vermindern die ursprünglichen Mächtigkeiten der Lagerstätten.

Wird zwischen ungestörten, mäßig und stark gestörten Lagerstätten unterschieden, so ergibt sich auf Grund der Aufschlüsse in Tongruben und der Erkundungsergebnisse in unverritzten Lagerstätten die in Tab. 3 gezeigte Einordnung.

In Abb. 2 sind diese Unterschiede im Lagerstättenbild deutlich zu erkennen. Profil I (Herzfelde) charakterisiert bei nahezu söhliger Lagerung und fast gleicher Mächtigkeit und Qualität des Rohmaterials das ungestörte Lagerstättenbild.

Profil II aus dem ehemaligen Tagebaugebiet Plessa bei Elsterwerda zeigt schwache Stauchungen durch das Inlandeis und in einigen Bohrungen Auswaschungen im Ton. Das führt zu wechselnden Qualitäten (Bhg. 677 und 669) und Mächtigkeiten der Tonlagerstätte und kennzeichnet das mäßig gestörte Lagerstättenbild. Profil III (Nennhausen) als Beispiel für das stärker gestörte Lagerstättenbild und Abb. 4 aus der Tongrube Niemegk zeigen die bis zu überkippten Stauchfalten und Abscherungen wirkende glazigene Dynamik;

die Tonlagerstätten sind zugleich verschieden in Mächtigkeit und Qualität des Rohmaterials.

Diese verschiedenen Lagerstättenbilder spiegeln sich auch in der Größe und Abgrenzung der Lagerstätten wider; in der 1. Gruppe treten zusammenhängende größere Lagerstätten, in der 3. Gruppe hingegen kleinflächige und unregelmäßig begrenzte, zerrissene Lagerstätten auf. Nach Abb. 1 finden sich die mäßig und stark gestörten Lagerstätten im Bereich der Eisrandlagen. Stark gestörte Tonlagerstätten sind schwer zu erkunden, weil sie zu negativen Erkundungsergebnissen und Fehlaufschlüssen führen können. Bei qualitätsmäßig gutem Rohmaterial lohnt natürlich auch eine Erkundung solcher Lagerstätten. Für die Erkundung der eiszeitlichen Lagerstätten ist nur das Aufsuchen von ungestörten und mäßig gestörten Lagerstätten mit dem Nachweis großer Vorräte lohnend.

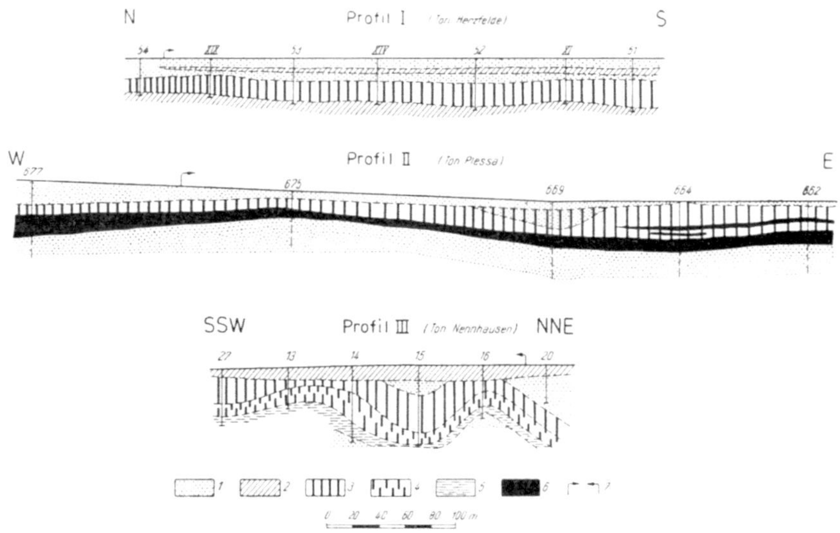

Abb. 2. Lagerungsverhältnisse (alle Profile zweifach überhöht)

Profil I – Erkundung von Ton in Herzfelde 1955, Profil II – Erkundung von Ton im ehemaligen Tagebaufeld Plessa (nach Markscheiderunterlagen), Profil III – Erkundung von Ton/Kieselgur in Nennhausen 1955
1 – Sand, 2 – Geschiebemergel, 3 – Ton (Lagerstätten), 4 – Kieselgur (Lagerstätten), 5 – Seekreide, 6 – Braunkohle, 7 – Lagerstättengrenzen

5. Die Perspektive der Bezirke

Nach der DDR-Perspektive für die Tonindustrie (LEHMANN 1959) sind unrentabel arbeitende kleine Ziegeleien mit einer Jahreskapazität unter 1 Mill. NF-Steinen zu schließen.

Anzustreben ist die Bildung von Großbetrieben (Leitbetrieben), die aus Hochlochziegeln Ziegelgroßblöcke im Taktverfahren herstellen. Eine weitere Produktionssteigerung ist bis 1965 vorzusehen, insbesondere für Klinker und Radialziegel sowie für Drainagerohre. Die Investitionen und Rekonstruktionsmaßnahmen sind auf die zwei bis drei größten Werke im Bezirk zu konzentrieren, die mit modernster Technik auszustatten sind. Für die Produktion von nur normalformatigen Ziegeln werden keine neuen Werke errichtet. Investitionen sind also vor allem für die Erweiterung der Dachziegel-, Klinker- und Drainagerohrproduktion, das heißt für höherwertige Erzeugnisse, vorgesehen.

Für diese Werke müssen entsprechende Lagerstätten mit genügend großer Vorratsbasis vorhanden sein. Aus dieser Überlegung heraus ergeben sich für die einzelnen Bezirke gewisse Vorschläge, die z. Z. bereits mit den Betrieben und Bezirksdienststellen besprochen worden sind.

Bezirk Potsdam

Der Bezirk verfügt über eine Reihe kleinerer und größerer Lagerstätten, deren Rohstoffe in der Mehrzahl pleistozäne gebänderte Schluffe und Geschiebemergel mit meist geringerem Tonanteil und häufiger Durchsetzung mit Feinsandlagen sind. Sie eignen sich nur zur Herstellung von Mauer- und Hochlochziegeln; bei eingespielter Aufbereitung und guter Sachkenntnis dürfte, vorbehaltlich eingehender Werksversuche, die Produktion von Ziegelgroßblöcken möglich sein. Das gilt besonders für die Ziegelwerke im Gebiet von Zehdenick und Niemegk.

Für die Ziegelwerke Zehdenick, die größten in der DDR, sind von 1952 bis 1957 in neun Werksfeldern Lagerstätten mehr oder weniger schluffigen Bändertonmergels in fast ungestörter Lagerung nachgewiesen worden, die allerdings bei der großen Kapazität der einzelnen Werke z. T. nahezu abgebaut sind. Zur Sicherung der Vorratsbasis wurde daher in den Jahren 1959/60 eine das gesamte Beckengebiet Zehdenick—Gransee umfassende Vorerkundung durchgeführt. Dabei stellte sich heraus, daß die bisher angenommenen großen Reserven wesentlich zusammenschrumpfen und die Produktion nur noch für etwa zwei bis drei Jahrzehnte gewährleistet ist. Größere Tonlagerstätten liegen allenfalls im Raum Badingen, Tornow—Marienthal. In den übrigen Niederungsgebieten steht nicht Bänderton, sondern der unterlagernde geringplastische Geschiebemergel an. Die Zehdenicker Tonindustrie wird sich mit dieser ihr nunmehr bekannten Situation abfinden müssen, indem sie ältere Betriebsteile in absehbarer Zeit stillegt und die noch verfügbaren Tonreserven in den technisch gut ausgerüsteten Werken verarbeiten läßt.

Für das Ziegelkombinat Niemegk sind in den letzten Jahren bei Niemegk und Reetz größere Tonvorräte nachgewiesen worden, die auch bei einer Kapazitätssteigerung beider Betriebsteile die Produktion für viele Jahrzehnte sichern. Allerdings sind die Lagerstätten stärker eisgestaucht (Abb. 4) und enthalten nur geringplastisches Material, so daß Abbau und Verarbeitung, den Erkundungsberichten der Staatlichen Geologischen Kommission entsprechend, sehr überlegt vorgenommen werden müssen. Der Betriebsteil Nichel hat mit seinen geringen Vorräten dagegen keine Perspektiven.

Das Klinkerwerk Krahnepuhl bei Brandenburg verarbeitet einen plastischeren Geschiebemergel durch hohen Brand zu Klinkern. Da die Vorräte einen genügenden Vorlauf sichern, sollte die Klinkerproduktion bei guter Aufbereitung des Rohmaterials für weitere Jahrzehnte aufrechterhalten werden, zumal dieses Werk das einzige seiner Art im Bezirk ist.

Eine ähnliche höherwertige Produktion deutet sich im Raum Wittstock an. Bei Erkundungsbohrungen für die Ziegelei Wittstock wurde vor kurzem auf der Hochfläche von Papenbruch eine größere Lagerstätte recht plastischen Bändertonmergels bei fast ungestörter Lagerung der Schichten angetroffen. Nach Analysen läßt sich der Rohstoff zu besseren Hohlwaren, unter Umständen auch zu Klinkern verarbeiten. Da die neue Lagerstätte ca. 5 km von der Ziegelei Scharfenberg/Wittstock entfernt ist, wäre vom Rat des Bezirkes zu prüfen, ob der Abtransport über kuppiges Gelände zur bestehenden Ziegelei oder der Neubau eines modernen Ziegelwerkes bei Papenbruch rentabler ist. Sollte die Errichtung eines neuen Werkes geplant werden, müßten allerdings zur Sicherung der Investitionen weitere Erkundungsbohrungen im nahen, als höffig geltenden Gebiet Blandikow niedergebracht und größere Brennversuche durchgeführt werden.

Die kleine Ziegelei Bergsoll bei Meyenburg stellt aus einem hochplastischen Rohstoff (alttertiärer Ton) nur Mauerziegel her. Zwar sind Werkkapazität und Vorratsbasis klein, doch könnte das Werk bei genügender Magerung des fetten Tons ohne Rekonstruktion mühelos die heute dringend benötigten Drainrohre liefern.

In Nennhausen bei Rathenow ist um die Jahrhundertwende die Ziegelindustrie stillgelegt worden. Nach den Erkundungsergebnissen von 1952 und 1955 sollte geprüft werden, ob die nachgewiesenen größeren Vorräte an Interglazialton den Neubau eines Werkes rechtfertigen. Allerdings ist hier die Lagerstätte stark gestaucht (Abb. 2). Vor einer evtl. Projektierung sind weitere Bohrungen zur Erfassung der Gesamtlagerstätte notwendig, außerdem haben Spezialuntersuchungen festzustellen, ob das Rohmaterial höheren Ansprüchen genügt.

Bezirk Frankfurt

Hier liegen die höherwertigen Lagerstätten in den „Septarientonschollen" von Bad Freienwalde, Werbellinsee und Welsow, von denen nur die beiden ersten abgebaut werden. Der fette Ton ermöglicht die Produktion von Deckensteinen und Drainagerohren, unter Umständen auch von Dachziegeln, jedoch wegen des höheren Gehaltes an Flußmitteln nicht die Herstellung von Klinkern. Stärkere Sulfatgehalte, die zu Ausblühungen führen, werden bei der Verarbeitung zu Drainagerohren kaum hinderlich sein. Der Neubau von Werken für diese Produktion ist im Gebiet von Bad Freienwalde bereits weit vorgeschritten, und für Werbellinsee ist ein weiterer Betrieb projektiert, der 1964 die Produktion aufnehmen soll. In beiden Schollenvorkommen finden sich größere Vorräte. Sie sind auf der Scholle Welsow bei Angermünde nicht so umfangreich, aber von gleicher Güte. Das private Dachziegelwerk Welsow ist seit langem stillgelegt. Auf Grund der Analysen (Staatliche Geologische Kommission und Ziegelkombinat Bad Freienwalde) eignet sich das Rohmaterial zur Produktion von Drainagerohren, bei Zusatz von färbenden Erden auch für Dachziegel, so daß dem Bezirk Frankfurt empfohlen wird, hier die Errichtung eines Dachziegelwerkes kleinerer Kapazität zu überprüfen.

Die ungestörten großen Lagerstätten von pleistozänem schluffig/sandigem Bändertonmergel auf der Oderinsel bei Neuenhagen (Abb. 3) werden z. Z. in einem Zentralaufschluß für die in der Nähe befindlichen älteren Ziegelwerke, die jetzt dem Ziegelkombinat Bad Freienwalde angeschlossen sind, abgebaut. Ob sich das schluffige Material zu größerformatigen Mauerziegeln oder zu Ziegelgroßblöcken verarbeiten läßt, haben Werksversuche zu erweisen. Nach unserer Auffassung müßte das gelingen, wenn das Material von Neuenhagen mit dem Freienwalder Septarienton aufgefettet werden könnte. Dabei brauchten auch magere sandige Teile des Zentralaufschlusses nicht als Abraum auf die Halde zu wandern, wenn ihre geringe Plastizität von Fall zu Fall durch Zusatz von Fremdton verbessert wird.

Nur geringe Perspektive hat die alte Ziegelindustrie Herzfelde bei Berlin (Abb. 2). Die Abbohrungen in den Jahren 1952 bis 1960 konnten in drei Lagerstätten nur für ein bis zwei Jahrzehnte ausreichende Vorräte an pleistozänem Bändertonmergel in ruhiger Lagerung feststellen. Der Raum Hennickendorf ist fast ausgetont, auch nach Osten in Richtung Lichtenow wurden keine nennenswerten Lagerstätten gefunden. Mit diesem negativen Ergebnis entfallen weitere Erkundungen.

Für die Zementherstellung aus dem Muschelkalk Rüdersdorf gewinnen künftig die an Ort und Stelle im Süden des Kalkvorkommens heraustauchenden Röttone und -mergel statt der bisher verwendeten Braunkohlenasche als Zuschlagsstoff mehr Bedeutung. Die Erkundung dieser Lagerstätten zum Nachweis ihrer Vorräte und ihrer Verwendungsmöglichkeit ist abgeschlossen.

Bezirk Cottbus

Der Bezirk besitzt außer einigen Ziegeltonlagerstätten mit pleistozänem Bändertonmergel eine Reihe wertvollerer Lagerstätten mit tertiären Tonen, die aus einem oberen Horizont („Flaschenton") als Steinzeugton, z. T. feuerfester Ton, und einem tieferen Horizont (tonerdereicher Schluff) für die chemische, unter Umständen auch für die Feuerfestindustrie verarbeitet werden können.

Die Klinkerindustrie Großräschen gewinnt aus mehreren Gruben für die zehn angeschlossenen Betriebsteile den zu wertvolleren Produkten geeigneten miozänen Flaschenton. Die in den Feldern Lichterfeld—Schacksdorf, Muckwar und Plieskendorf durch geologische Erkundung nachgewiesenen Vorräte sichern die Produktion der gesamten Klinkerwerke in Verbindung mit den im Abbau befindlichen Lagerstätten allenfalls für weitere zwei bis drei Jahrzehnte. Durch das Fortschreiten der Kohlentagebaue auf der Raunoer und Kleinleipisch—Klettwitzer Hochfläche nach Norden müssen auch diese Vorräte z. T. in der angegebenen Frist ausgetont sein. Das zur Erhöhung der Klinker- und Radialziegelproduktion nach der erwähnten DDR-Perspektive geplante Werk Altdöbern hat, falls andere Betriebsteile nicht stillgelegt werden, hinsichtlich seiner Vorratsbasis nur dann genügend Perspektive, wenn die Sondergewinnung des Tons im künftigen Großtagebau Welzow-Süd gelingt und für dieses projektierte Werk nutzbar gemacht werden kann.

Das gleiche gilt für die Tonindustrie im Raum Weißwasser—Muskau, die denselben Rohstoff verziegelt. Es hat sich als aussichtslos und unrentabel erwiesen, weitere Tonlagerstätten im stark gestörten Muskauer Faltenbogen zu erkunden. Diese Vorkommen sind zu klein und stellen an den Abbau hohe Anforderungen. Die Zukunft der Tonindustrie von Weißwasser ist nur dann gesichert, wenn die ruhiger gelagerten großen Tonvorräte im projektierten Kohlentagebau Nochten (ca. 4 bis 5 km Entfernung) vor der in etwa 40 Jahren geplanten Auskohlung dieses Gebietes gewonnen werden können. Es wäre vom Bezirk und von der VVB Steine

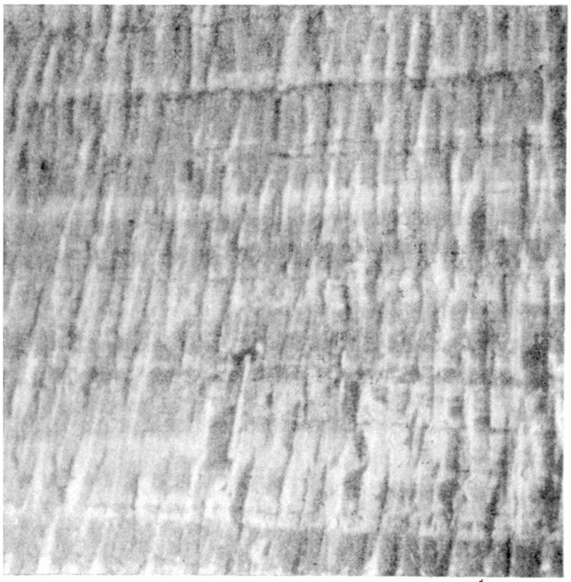

Abb. 3. Auflässige Tongrube Neuenhagen bei Oderberg mit Warvenstruktur der eiszeitlichen Bändertonmergel in ungestörter Lagerung (Hammer = 30 cm)

und Erden zu prüfen, inwieweit ein neues Steinzeug- oder Klinkerwerk in diesen Raum verlagert werden könnte; denn die Ziegeleien von Weißwasser können bei ihrer derzeitigen Kapazität nur einen Teil der Nochtener Vorräte abbauen.

Die im aufgelassenen Kohlentagebau Plessa lagernden Flaschentonvorräte rechtfertigen Investitionen für die Ziegelindustrie Plessa und bilden nach Größe und Qualität zugleich noch Reserven für die benachbarten und gering bevorrateten Ziegelwerke Hohenleipisch und Crinitz, obwohl die Lagerungsverhältnisse hier etwas gestört sind.

Über eine ausreichende Vorratsbasis verfügen auf Grund mehrjähriger Erkundungen auch die Dachziegelwerke Bröthen bei Hoyerswerda, deren Lagerstätten allerdings durch stärkere Stauchungen den Abbau erschweren.

Feuerfeste miozäne Flaschentone werden nahe dem Lausitzer Massiv südlich von Rietschen und bei Gröden abgebaut und zu Schamotte verarbeitet. Ähnlich wie bei Plessa und Bröthen ist die Lagerung durch saaleeiszeitliche Stauchungen gestört. Durch Erkundung in den letzten Jahren ist der wirtschaftliche Vorlauf der Rietschener Schamottewerke über mehrere Jahrzehnte in verschiedenen Teilfeldern gesichert.

Weitere größere Lagerstätten an feuerfesten Tonen im benachbarten südlichen Randgebiet dieses Bezirkes aufzufinden, ist wenig aussichtsreich. Einen gewissen Ersatz für die Feuerfestindustrie des Bezirks schaffen die in den Braunkohlentagebauen Klettwitz und Heide in tieferen miozänen Horizonten anstehenden tonerdereichen gebänderten Schluffe, die sich nicht nur zur Aluminiumsulfatherstellung für die chemische Industrie, sondern auch zur Herstellung von Kacheln eignen. Für den Kohlentage-bau Klettwitz sind Verhandlungen der Tonindustrie mit dem Braunkohlenwerk im Gange.

Die Vorräte an höherwertigem Ton im Süden des Bezirkes sind also außerhalb der Kohlentagebaue begrenzt, die Perspektive der alten Niederlausitzer Tonindustrie hängt eng mit der Schaffung weiterer Reserven aus den künftigen Kohlentagebauen zusammen. Diese Situation soll im folgenden Schlußabschnitt zusammenfassend behandelt werden.

6. Tonlagerstätten in Niederlausitzer Braunkohlengebieten

Im Kapitalismus hat es bereits Unternehmer gegeben, die wertvolle Tone im Abraum der Braunkohlentagebaue — meist die miozänen Flaschentone — gesondert gewonnen und gehaldet haben, besonders dort, wo der Braunkohlenindustrie eigene Ziegeleien angeschlossen waren (Ilse-AG im Raum Welzow). Noch heute bessert die Ziegelei Neu-Petershain ihren Ziegelrohstoff Geschiebemergel mit dem vor Jahrzehnten gehaldeten Flaschenton aus dem ehemaligen Oberflöztagebau „Clara“ bei Welzow auf.

In unserer sozialistischen Wirtschaft ist dieses Problem vorrangig zu bewerten und zu lösen. Verständlicherweise ist die Braunkohlenindustrie der Niederlausitz, vor allem angesichts der zu bewältigenden großen technischen Schwierigkeiten bei der Anlage von Tagebauen, in erster Linie auf die Sicherung der planmäßig steigenden Förderung an Rohbraunkohle bedacht. Im Gesamtinteresse unserer Wirtschaft ist jedoch hier Einseitigkeit nicht am Platze. So zwingt die für die

Abb. 4. Neuaufschluß der Tongrube Niemegk mit intensiv gestauchten eiszeitlichen Bändertonmergeln (aufgenommen 1959)

Niederlausitzer Tonindustrie geschilderte Vorratslage an Steinzeug-, Klinker- und Dachziegelton zu einer Sondergewinnung in den Braunkohlentagebauen.

Daß diese Sondergewinnung möglich ist, zeigen einige Beispiele aus den letzten Jahren. Der für die Feuerfest- und chemische Industrie wertvolle Haselbacher Ton wird im Bornaer Braunkohlenrevier südlich von Leipzig neuerdings zusammen mit der Braunkohle gewonnen (HOHL 1959). Im ehemaligen Braunkohlentagebau Plessa bei Lauchhammer wurden der Ziegelei Plessa kleinere Mengen an Flaschenton aus dem Vorschnitt zur Verfügung gestellt. Durch Verhandlungen der Großräschener Klinkerindustrie mit dem Braunkohlentagebau Klettwitz gelang es auf unbürokratische Weise, der Ziegelei Costebrau plastischen Flaschenton aus dem Vorschnitt des Tagebaues nach Bedarf abzugeben. Laut Anordnung der Staatlichen Plankommission hat der rasch voranschreitende Kohlentagebau Heide bei Hohenbocka/Hosena den nur 3 m mächtigen, aber wertvollen tonerdereichen Schluff im Vorschnitt als Rohstoff für die chemische Industrie gewonnen und gehaldet.

Noch unverritzt sind die großen und wertvollen Tonvorräte in den Kohlenfeldern Welzow-Süd und Nochten.

Im künftigen Großtagebau Welzow-Süd liegen allein in den ersten vier vorgesehenen Kohlenbauabschnitten (1965/69) über 60 Mill. t Flaschenton, der nach Bemusterungen durch die Staatliche Geologische Kommission zur Herstellung von Steinzeugwaren, Klinkern und Dachziegeln geeignet ist. Die Tonindustrie ist nicht in der Lage, diese Rohstoffmengen vor dem Kohlenabbau zu gewinnen, sie sind daher nur im Vorschnitt des kommenden Tagebaues durch die Braunkohlenindustrie gesondert zu schneiden und zu halden (MEHNER 1959). Wohl haben die Staatliche Plankommission und die an diesen Vorräten interessierte Tonindustrie diesen Vorschlägen zugestimmt, doch sind zur raschen, gleichwohl gründlichen Entscheidung noch weitere Verhandlungen, insbesondere mit der Braunkohlenindustrie, notwendig.

Das ab 1970 zu erschließende Kohlentagebaugebiet Nochten südöstlich von Spremberg weist nach den Erkundungsergebnissen des Geologischen Dienstes Mitte ähnliche Verhältnisse auf. Hochplastischer Flaschenton, nahezu feuerfest und für die gleichen Erzeugnisse wie in Welzow-Süd verwendbar, befindet sich unmittelbar über dem oberen Kohlenhorizont in 5 bis 10 m Mächtigkeit. Seine Aushaltung durch die Kohlenindustrie im Vorschnitt der ersten Kohlenbaue südlich Mühlrose wird vorgeschlagen, vor allem dort, wo das obere Kohlenflöz hereingewonnen werden kann. Dagegen können in den erst um die Jahrhundertwende abzubauenden östlichen Kohlenfeldern zwischen Mühlrose und Weißwasser größere wertvolle Tonlagerstätten unter günstigen Abraumverhältnissen durchaus von der Tonindustrie vor dem Kohlenschnitt abgebaut werden. Ihre nach Abschluß der Erkundung berechneten Vorräte rechtfertigen nach Größe, Qualität und Verkehrslage die für ein neues Klinkerwerk im Raum Weißwasser geplanten Investitionen. Die rechtzeitige Projektierung dieses Werkes nach Abstimmung mit der Staatlichen Kohlenindustrie und der Plankommission ermöglicht die Tongewinnung durch die örtliche Tonindustrie und entlastet das Tagebauprojekt Nochten z. T. davon, die Tonvorkommen gesondert zu gewinnen.

Es wird immer eine Aufgabe der Staatlichen Geologischen Kommission sein, bei aller Würdigung der technischen Abbauprobleme in Braunkohlen-Großtagebauen die Gewinnung wertvoller Lagerstätten im Deckgebirge der Kohle anzuregen. Wir sind der Auffassung, daß durch rechtzeitige Verhandlungen diese Probleme sinnvoll zu lösen sind.

Zusammenfassung

Auf Grund zahlreicher Ergebnisse in der Tonerkundung Brandenburgs wird eine Übersicht der genutzten und ungenutzten Tonlagerstätten sowie ihrer Rohstoffe nach Entstehung, Eigenschaften und Lagerungsverhältnissen gegeben. Den im allgemeinen mageren pleistozänen Tonen stehen die höherwertigen mitteloligozänen „Septarientone" im Norden Brandenburgs und die für die Steinzeug- und Feuerfestindustrie verwendbaren miozänen Tone im Süden des Gebiets gegenüber. Die Perspektiven der bestehenden Tonindustrie und der neuzuerrichtenden Werke sind vor allem von der Größe und der Qualität der bekannten Lagerstätten abhängig. Die einzelnen Bezirke weisen recht verschiedene Voraussetzungen auf. Große Entwicklungsmöglichkeiten hat die Tonindustrie im Bezirk Cottbus, wenn die Gewinnung der wertvollen Tertiärtone in den künftigen Kohlentagebauen von Welzow-Süd und Nochten gelingt.

Резюме

На основе многочисленных данных разведочных работ на глину в Бранденбурге дается обзор об использованных и неиспользованных месторождениях глин, а также их минерального сырья, в зависимости от происхождения, свойств и условий залегания. Плейстоценовые глины в общем являются тощими; средне-олигоценовые „септариевые глины„ на севере Бранденбурга обладают уже более высоким качеством; миоценовые глины употребляются в промышленности каменно-керамических и огнеупорных изделий. Перспективы уже существующей глинообрабатывающей промышленности и новосооружаемых заводов зависят, прежде всего, от размеров и качества уже известных месторождений. В отдельных округах наблюдаются довольно различные предпосылки. Хорошие возможности для развития глинообрабатывающей промышленности имеются в округе Котбуса, при условии, что добыча ценных третичных глин в запланированных буроугольных разрезах Вельцов-Юг и Нохтен увенчается успехом.

Summary

In accordance with the origin, properties and bedding conditions and based on numerous results of clay reconnaissance in Brandenburg, a survey is given of used and unused deposits and their raw materials. The generally lean Pleistocene clays are contrasted with Middle Oligocene higher valued „septaria clays" in the north of Brandenburg and those of the Miocene areas suitable for the stoneware and refractories industries. The prospects of the existing clay works and those under construction are above all dependent on the size and quality of known deposits. Conditions are rather different in the particular districts. Possibilities are promising for the clay industry in the Cottbus district provided that the winning of the valuable Tertiary clays in the future brown coal opencast mines of Welzow-Süd and Nochten is brought to a successful issue.

Literatur

HOHL, R.: Der Haselbacher Ton des Weißelster-Beckens. — Z. angew. Geol., 5, 12, 589—596 (1959).
KEILHACK, K.: Geologische Karte der Provinz Brandenburg im Maßstab 1:500000. — Berlin 1921.
LEHMANN, H.: Perspektiven und Aufgaben der Ziegelindustrie. — Baustoffindustrie, 5 (1959).
MEHNER, W.: Ein Rohstoffproblem im Abraum des künftigen Braunkohlen-Großtagebaues Welzow-Süd westlich Spremberg. — Z. angew. Geol., 5, 10, 504—506 (1959).
POMPER, J.: Die Rohstoffbasen für die mitteldeutsche Steinzeugindustrie. — Silikattechnik, 8, 8, 322—323 (1957).
— Unsere Tonlagerstätten. — Silikattechnik, 9, 3, 110—116 (1958).
— Die Ziegeltonlagerstätten im mitteldeutschen Raum. — Silikattechnik, 9, 3, 117—120 (1958).
WOLDSTEDT, P.: Geologisch-morphologische Übersichtskarte des norddeutschen Vereisungsgebietes im Maßstab 1:1500000. — Berlin 1935.
Unveröffentlichte Ergebnis- und Gutachtenberichte des Geologischen Dienstes Mitte über Erkundung von Tonlagerstätten 1952—1960.

Das Granit-Gneis-Problem

Bericht über die Vorträge der Sektion 14 zum XXI. Internationalen Geologenkongreß in Kopenhagen, 1960

ROLF SEIM, Rostock

Die Vorträge der Sektion 14 des Internationalen Geologenkongresses in Kopenhagen, überschrieben „Das Granit-Gneis-Problem", sind in einem 215 Seiten umfassenden Band enthalten. Von den 21 Vorträgen dieser Sektion sind 13 in englischer, sechs in französischer und je einer in spanischer und deutscher Sprache abgefaßt. Allen Arbeiten wurden jedoch mehr oder weniger ausführliche englische Zusammenfassungen vorangestellt.

Die Thematik der Vorträge ist sehr weit gespannt. Sie reicht von theoretischen Erörterungen petrologischer Prozesse bis zur experimentellen Petrologie; von geochemischen Untersuchungen bis zu gefügekundlichen Beiträgen. Diese Tatsache macht eine zusammenfassende Besprechung unter dem Gesamttitel des Bandes unmöglich, obgleich sich natürlich die einzelnen Beiträge diesem Thema unterordnen. In der Vielzahl der Probleme zeigt sich, daß unsere petrogenetischen Erkenntnisse das „Granit-Gneis-Problem" zu einem gewissen Abschluß gebracht haben und daß, wenngleich nicht alle Gegensätze beseitigt wurden, der Raum für grundsätzliche Diskussionen zugunsten von zu neuen Resultaten führenden Einzeluntersuchungen eingeengt wurde. Bisher als unvereinbar geltende Beobachtungen und Auffassungen haben sich inzwischen zumindest angenähert, und dies zwingt nicht zuletzt dazu, die Probleme der Granit- und Gneisentstehung umfassender zu erörtern.

E. H. KRANCK & R. V. OJA: Experimental Studies of Anatexis (S. 16—29)

Die „Wiederaufschmelzung" von Gesteinen innerhalb der Erdkruste (Anatexis) nimmt seit den grundlegenden Gedankengängen von SEDERHOLM (1907) einen mehr oder weniger breiten Raum innerhalb unserer Vorstellungen zur Bildungsweise granitischer Gesteine ein. Neben der petrologischen Analyse geeigneter Gesteinskomplexe des Grundgebirges können Laboratoriumsuntersuchungen an synthetischen Mehrphasensystemen (BOWEN, TUTTLE u. a.), besonders aber auch experimentelle Untersuchungen unter Benutzung natürlicher Phasengemische, bei denen die Bedingungen der Ultrametamorphose nachgeahmt werden, eine Aussage darüber ermöglichen, in welchem Umfange anatektische Stoffmobilisationen angenommen werden dürfen und welche Rolle ihnen in der Natur zukommt. WINKLER und Mitarbeiter haben Tone verschiedener Zusammensetzung einer „Anatexis" unterworfen und gelangten dabei zu wichtigen Resultaten. Ähnliche Untersuchungen mit dem Ziel, die Schmelzkurve natürlicher Gesteine unter hohem H_2O-Druck zu bestimmen, sind im Geophysikalischen Laboratorium und anderen Instituten Nordamerikas ausgeführt worden. KRANCK & OJA beschreiben nun Experimente, die sie, um die einzelnen Stadien des Schmelzprozesses im Dünnschliff verfolgen zu können, an verschiedenen festen Gesteinen (Granite, Diabas, Grauwacke) durchführten. In ihrer Arbeit werden zuerst die experimentellen Bedingungen und die für die Versuche benutzte Apparatur beschrieben. Die Gesteinsproben wurden als 2 cm lange Zylinder mit 0,5 cm ∅ in die Druckbombe eingebracht. Es ließen sich Drücke bis 80000 psi (1 psi = 0,06897 bar), entsprechend einem Druck in 12 km Krustentiefe, und Temperaturen bis zu 700° C erzeugen. H_2O war bei diesen Experimenten, die in der Regel über einen Zeitraum zwischen 24 und 48 Stunden (max. 160 Stunden) liefen, im Überschuß vorhanden.

KRANCK & OJA geben zunächst jeweils eine kurze petrographische Beschreibung des Untersuchungsmaterials, und im Anschluß daran besprechen sie die nach Durchführung der Versuche an den einzelnen gesteinsbildenden Mineralien (Schmelzerscheinungen, Mineralneubildungen u. a. m.) gemachten Beobachtungen und fassen sie tabellarisch zusammen. Zwei pT-Diagramme verzeichnen den Schmelzbeginn von Mineralien und Gesteinen (Abb. 1), und elf Mikrofotographien veranschaulichen die Dünnschliffbeobachtungen. Abschließend wird auf gewisse Parallelen in metamorphen, teilweise aufgeschmolzenen Gesteinen hingewiesen und die Anwendung der Untersuchungsergebnisse auf allgemeine geologische Probleme erörtert.

HITOSHI NATTORI, TAMOTSU NOZAWA & MASATSUGU SAITO: On chemical Composition of Granitic Rocks of Japan (S. 40—46)

Die Grundlage der petrochemischen Studien bilden 440 Analysen von — im weitesten Sinne — granitischen Gesteinen, die bis Ende 1956 veröffentlicht wurden. Nach kurzen Darlegungen zur Verbreitung und zum Intrusionsalter der Gesteine — zahlreiche Vertreter saurer plutonischer Intrusiva (Granit, Granodiorit, Quarzdiorit, Diorit, Adamellit, Monzonit, Syenit u. a.) mit mehr als 55 Gew.-% SiO_2 — werden in einer Tabelle die Mittelwerte der Oxydprozente und die Standardabweichung mitgeteilt und die so erhaltenen Werte denen der granitischen Gesteine Finnlands und Großbritanniens gegenübergestellt.

An Hand von Variationsdiagrammen, in denen die einzelnen Oxyde gegen SiO_2 aufgetragen sind, wird festgestellt, daß Al_2O_3, Fe_2O_3, FeO, MgO und CaO mit steigendem Kieselsäuregehalt abnehmen, der Gehalt an Na_2O nahezu gleichbleibend ist und K_2O als einziges Oxyd mit steigendem Kieselsäuregehalt anwächst.

Häufigkeitsverteilung, Mittelwerte und Standardabweichungen der einzelnen Komponenten werden in Histogrammen dargestellt und besprochen.

Zuletzt werden die Beziehungen zwischen den wichtigsten Normativmineralien im Q-M-F-, Q-Or-P- und im C(Wo)-En-Fs-Dreiecksdiagramm untersucht und die japanischen Gesteine mit elf repräsentativen granitischen Gesteinen aus der Arbeit von DALY (1933), den finnischen und den großbritannischen Graniten, verglichen. Es lassen sich so einige charakteristische Züge (z. B. höherer SiO_2-Gehalt und niedrigere Alkaligehalte, besonders K_2O) der japanischen granitischen Gesteine erkennen.

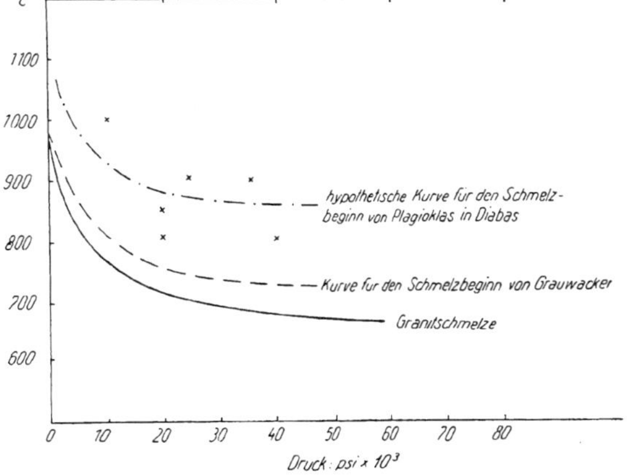

Abb. 1. Kurven für den Schmelzbeginn von Diabas und Grauwacke

S. R. Taylor & K. S. Heier: The Petrological Significance of Trace Element Variations in Alkali Feldspars (S. 47–61)

Nachdem die Autoren bereits in einigen früheren Veröffentlichungen die Verteilung der Elemente Li, Na, K, Rb, Cs, Pb, Tl, Ca, Sr und Ba in Alkalifeldspäten aus präkambrischen Gesteinen [Gneisen, Pegmatiten, anatektischen Graniten und Diapir- (Intrusiv-) Graniten] Südnorwegens mitgeteilt haben, diskutieren sie in der vorliegenden Arbeit die Beziehungen zwischen einzelnen Spurenelementen dieser Feldspäte. Die Eignung der Kalifeldspäte für derartige Untersuchungen (Verbreitung, Substitutionsmöglichkeiten) wird betont und anschließend die geologisch-petrographische Situation Südnorwegens geschildert. Die Fundstellen der 88 untersuchten Feldspäte sind aus einer petrographischen Übersichtskarte ersichtlich.

An Hand der wichtigsten Literatur besprechen die Autoren die Bildungsbedingungen der Feldspäte. Die Verteilung der Elemente Rb, Cs, Tl, Pb, Sr und Ba wird sodann vom kristallchemischen und gitterenergetischen Standpunkt aus beleuchtet. Drei Diagramme zeigen das Cs/Pb-, Tl/Rb- und Ba/Rb-Verhältnis der analysierten Feldspäte. In einem weiteren Diagramm wird die Variation des K/Rb- und Ba/Rb-Verhältnisses entlang eines durch den posttektonischen Fevig-granit gelegten Profils dargestellt. Theoretische Erwägungen machen es wahrscheinlich, daß das Ba/Rb-Verhältnis ein brauchbares Kriterium für die Unterscheidung der untersuchten Gesteine ist. Es zeigen sich in einer unter diesem Gesichtspunkt vorgenommenen Auswertung deutliche Unterschiede im Ba/Rb-Verhältnis der kleinen und großen Pegmatitvorkommen, wobei die Ba/Rb-Verhältnisse der kleineren Pegmatite denen der benachbarten Gesteine entsprechen. Dieser Befund läßt sich im Sinne einer In-situ-Entstehung der relativ geringmächtigen Pegmatitlinsen interpretieren. Eine Trennung der Gneise, Augengneise, Diapirgranite, anatektischen Granite und kleinen Pegmatitvorkommen ist indessen nicht möglich. Das Ba/Rb-Verhältnis der großen Pegmatitvorkommen zeigt beträchtliche Schwankungen (von 3,44–0,037). Der Darlegung dieser Befunde schließen sich verschiedene Erklärungsversuche an.

G. Möbus: Zur Biotitgefügeanalyse in fast isotropen granitischen Gesteinen (S. 83–94)

In einem methodischen Beitrag zur Gefügeanalyse teilt G. Möbus die Resultate überaus gründlicher Untersuchungen „Zur Biotitgefügeanalyse in fast isotropen granitischen Gesteinen" mit. Die Untersuchungen wurden mit dem Ziel durchgeführt, den Zeitaufwand der statistischen Korngefügeanalyse derartiger Gesteine auf ein Mindestmaß zu reduzieren. Als Beispiel für seine Untersuchungen wählte Möbus Lausitzer Granodiorit aus dem Steinbruch am Jäckelberg bei Löbau. Vor Auswertung der Meßergebnisse wird das Gestein kurz petrographisch charakterisiert.

Bekanntlich ist es notwendig, den bei der statistischen Erfassung formanisotroper Gefügeelemente, z. B. der Glimmer, auftretenden Schnitteffekt zu korrigieren. Ein dafür geeignetes Verfahren wurde von Sander und Mitarbeitern (1954/1957) mitgeteilt. Nach ausführlicher Diskussion einer ganzen Reihe praktisch durchgeführter und durch zahlreiche Gefügediagramme anschaulich dargestellter räumlicher Meßanordnungen, über die in der Originalliteratur nachgelesen werden muß, kommt der Autor zu dem Ergebnis, daß auf die Korrektur des Schnitteffektes verzichtet werden kann, wenn die Biotiteinmessungen in drei aufeinander senkrecht stehenden Richtungen (Schlifforientierung!) erfolgen, eine gewisse Mindestzahl von Glimmern eingemessen wird und die Einzeldiagramme zu einem Sammeldiagramm der drei Raumlagen vereinigt werden. Darüber hinaus wird auf die Notwendigkeit einer der Korngefügeanalyse vorausgehenden Erfassung der megaskopischen Gefügedaten des Gesteins und der Orientierung der Dünnschliffe zu diesen Daten, d. h. der S-(bc-), Q-(ac-) und L-(ab-) Fläche, hingewiesen.

Auf der Grundlage theoretischer Erörterungen und eines praktischen Beispiels gelangte E. Schröder (Geologie, Jahrg. 9, S. 521–525, 1960) zu analogen Ergebnissen. Das Studium der beiden Arbeiten wird sich für gefügekundlich arbeitende Wissenschaftler als vorteilhaft erweisen, kann aber auch all denen empfohlen werden, die sich für den Fortschritt der Gefügeanalyse nur am Rande interessieren.

K. Smulikowski: Evolution of the Granite-Gneisses in the Snieznik Mountains — East Sudetes (S. 120–130)

K. Smulikowski faßt die Ergebnisse neuer petrologischer Untersuchungen im Glatzer Schneegebirge zusammen. Er knüpft an die Auffassungen von G. Fischer (1935) und E. Bederke (1942/1943) an, die im Glatzer Schneegebirge drei Gesteinseinheiten unterschieden haben: einen wahrscheinlich präkambrischen Komplex von Biotitschiefern und Paragneisen (Mühlbach-Serie), die als syntektonische, frühkaledonische Granitintrusion aufgefaßte Einheit des Schneeberger Gneises und den aus algonkischen und kambrischen Schichten bestehenden Komplex der Seitenberger Glimmerschiefer.

Inzwischen liegen wichtige Detailuntersuchungen von H. Teisseyre und Mitarbeitern und von K. Smulikowski und Mitarbeitern vor, die zu bemerkenswerten Abweichungen von den bisherigen, vom Autor anfänglich geteilten Auffassungen führten.

Im ersten Abschnitt werden die Glimmerschiefer und Paragneise der Mühlbach-Serie und deren Einlagerungen (Quarzite, Amphibolschiefer und Amphibolite, Marmore, Erlane) beschrieben und im Zusammenhang damit bestimmte petrologische Prozesse erörtert (Feldspatisierung, Plagioklas- und Mikroklinblastese als regionalmetamorphe Vorgänge, die auch auf die Erlane und Amphibolgesteine übergreifen). In einem weiteren Abschnitt beschreibt Smulikowski die Gersdorfer Gneise und unterscheidet innerhalb dieses Komplexes drei Varietäten. Er gelangt dann zu dem interessanten Resultat, daß der gleiche suprakrustale Komplex, der in einem etwas höheren Krustenniveau die Gesteine der Mühlbach-Serie hervorbrachte, in einem tieferen Niveau zu den Gersdorfer Gneisen (mit Metabasit- und Eklogiteinschaltungen) umgeprägt wurde. Eine Gegenüberstellung der einzelnen Gesteinstypen dieser beiden Komplexe soll diese Auffassung erhärten. Schließlich wird der Schneeberger Gneis, der von den deutschen Geologen als kaledonische, synorogene Granitintrusion aufgefaßt wurde, behandelt. Bei den mikroskopischen Untersuchungen zeigte sich u. a., daß in diesen Gneisen die gleichen Plagioklasgenerationen wie in den Gersdorfer Gneisen auftreten. Im Zusammenhang mit einigen weiteren Kriterien taucht nun die Frage auf, ob die Schneeberger Gneise Produkte einer Granitisation in situ darstellen. Smulikowski diskutiert dafür sprechende Kriterien und erörtert die Bedingungen einer derartigen Entstehung.

Zusammenfassend wird vom Autor ausgeführt, daß die im kristallinen Komplex des Glatzer Schneegebirges auftretenden Metamorphite, im Gegensatz zur bisherigen Ansicht, aus isochronen, spätalgonkischen oder eokambrischen Gesteinen hervorgingen, deren jetzige Erscheinungsweise sich aus unterschiedlichen ptx-Bedingungen erklärt.

R. V. Dietrich: Genesis of Ptygmatic Features (S. 138 bis 148)

Ausgehend von Sederholm, der den Begriff „ptygmatische Falten" einführte, bespricht Dietrich die verschiedenen Möglichkeiten, die für eine Entstehung von „Ptygmas" bisher erwogen worden sind (Injektion, Metasomatose, anatektische Mobilisation bei Volumenverringerung, tektonische Deformation u. a.). Unter Hinweis auf seine ausführlichere Veröffentlichung in den „Beiträgen zur Mineralogie und Petrographie" (Bd. 6, S. 357–366, 1959) werden die Grundzüge einer vom Autor entwickelten Hypothese dargestellt. Es ergibt sich, daß eine differentiale Anatexis in einem passiven Wirtsgestein die typischen Merkmale der ptygmatischen Falten, die an Hand einer sehr instruktiven Abbildung erläutert werden, verstehen läßt und diese Erklärung den bisherigen Deutungen vorzuziehen ist.

A. Berthelsen: An Example of a Structural Approach to the Migmatite Problem (S.149–157)

In der Ivigtut-Region im südwestlichen Grönland — einer ausgedehnten Faltenzone präkambrischen Alters, für welche E. Wegmann die Bezeichnung Ketiliden einführte — wurde vom Geologischen Dienst Grönlands von 1956 bis 1958 eine systematische Kartierung durchgeführt. A. Berthelsen gibt zuerst einen Überblick über die geologische Entwicklung des Ivigtutgebietes. Dann werden der petrographische Aufbau der Ketiliden in diesem Gebiet (Unterteilung in eine migmatische Infrastruktur und eine nichtmigmatische, aber metamorphosierte Suprastruktur) geschildert und die mineralfazielle Stellung der Gesteine mitgeteilt. Auf der Basis umfangreicher strukturanalytischer Untersuchungen, an denen sich eine Gruppe von zwölf Geologen beteiligte, wird die strukturelle Entwicklung der Infrastruktur und der Suprastruktur behandelt. Es schließt sich eine interessante Diskussion der mitgeteilten Befunde an, in deren Ergebnis der Autor zu der Schlußfolgerung gelangt, daß der Gneis-Migmatitkomplex des Ivigtutgebietes durch Transformation ketilidischer suprakrustaler Gesteine zustande kam. Abschließend wird auf die Bedeutung der Strukturanalyse bei der Untersuchung von Gneisen und Migmatiten hingewiesen.

W. T. HARRY & C. H. EMELEUS: Mineral Layering in some Granite Intrusions of S. W. Greenland (S. 172 bis 181)

HARRY und EMELEUS fanden bei der Kartierung granitischer und anderer Intrusivkörper vermutlich präkambrischen Alters im Ivigtutgebiet (Karte!) Bänderstrukturen, in denen dunkle Mineralien und Akzessorien der granitischen Gesteine angereichert sind. Vorkommen und mineralogische Zusammensetzung dieser „layered structures" und der Gesteine, in denen sie auftreten, werden beschrieben. Neun Skizzen zeigen verschiedene Typen dieser eigentümlichen Mineralanordnung, deren Gefügedetails ausführlich behandelt werden. Die eigenartige Anreicherung dunkler Mineralien und Akzessorien erfolgte nach Auffassung der Autoren während der magmatischen Kristallisation.

J. DIDIER & M. ROQUES: Nature des enclaves dans les differents types de granites du Massif Central Français (S. 195—206)

Es werden Einschlüsse aus zwei typischen Granitmassiven (Velay- und Sidobre-Massiv) des Französischen Zentralmassivs studiert. Die Migmatitgranite enthalten vorwiegend Einschlüsse von kristallinen Schiefern, während die Intrusivgranite saure oder basische, feinkörnige Eruptivgesteinseinschlüsse führen. In beiden Graniten sind die Einschlüsse in charakteristischer Weise umgebildet worden, und vom Autor werden die Veränderungen (Granitisation) beschrieben und durch einige chemische Analysen (Kationenproportionen) und vier Abbildungen belegt.

N. OULIANOFF: Granite-Gneiss dans le massif du Mont Blanc (S. 158—163)

N. OULIANOFF führt aus, daß im Mont-Blanc-Gebiet vier tektonische Perioden unterschieden werden können. Während der zweiten (präkambrischen) Periode wurden Gneise und Granite gebildet. Es wird gezeigt, daß in einem ersten Stadium Schiefer innerhalb der Synklinalzonen einer „Vergneisung" unterlagen und daß diesem Vorgang eine Granitisation der Gneise in den Antiklinen (bei etwas höherer Temperatur) folgte.

L. C. GARCIA DE FIGUEROLA: Los Granitos del Centro-Oeste de España (S. 131—137)

Verf. beschreibt einige Merkmale der in der Avila,- Salamanca- und Caceres-Provinz aufgeschlossenen Granite. Vier verschiedene Granittypen werden eingegliedert und ihre Divergenzen auf eine unterschiedliche Entstehung zurückgeführt (Granitisation bzw. „tektonische" Entstehung). Die Rahmengesteine dieser Granite stellen niedrig-metamorphe Schiefer dar; Kontaktphänomene werden geschildert.

T. C. PHEMISTER: The Nature of the Contact between the Grenville and Temiskaming Sub-Provinces in the Sudbury District of Ontario, Canada (S. 108—119)

Im Südteil des Kanadischen Schildes ist eine scharfe Grenze zwischen den kristallinen Gesteinen der Grenville-Provinz im Süden und den weniger metamorphen Schichten der Temiskaming-Provinz im Norden vorhanden. Verf. untersucht die geologischen Verhältnisse in einem kleinen, aber wichtigen Bereich dieser tektonischen Grenzzone südlich von Sudbury. Die Gesteine, die innerhalb der Temiskaming- und der Grenville-Subprovinz auftreten, und der Kontakt zwischen den beiden Komplexen werden beschrieben. In einem gesonderten Abschnitt werden Feldspatisationserscheinungen in der Temiskaming-Subprovinz (Quarzite und Diabase) geschildert.

E. D. LACY: Melts of Granitic Composition: Their Structure, Properties and Behaviour (S. 7—15)

E. D. LACY behandelt einige Grundzüge granitischer Schmelzen unter der Voraussetzung, daß das chemische und physikalische Verhalten dieser Schmelzen von ihrer atomaren Struktur abhängig ist. In einzelnen Abschnitten werden die Struktur saurer Schmelzen, die Dissoziation von Wasser in der Schmelze, deren Verhalten bei niedrigen Drücken, die Alkalimetasomatose und andere wichtige Prozesse und Erscheinungen vom theoretischen Standpunkt aus behandelt. Der Autor betont, daß diese theoretische Behandlung keine Universallösung des Granitproblems liefern kann, sie ermöglicht aber Schlußfolgerungen (z. B. Feldspatisation von Rahmengesteinen als Ionenaustauschprozeß), die unsere bisherigen Vorstellungen vertiefen und gewisse Deutungsschwierigkeiten beheben können.

R. M. HUTCHINSON: Petrotectonics and Petrochemistry of Late Precambrian Batholiths of Central Texas and the North End of Pikes Peak Batholith, Colorado (S. 95 bis 107)

Verf. behandelt die Ergebnisse petrotektonischer Untersuchungen an präkambrischen Plutonen in Zentraltexas. Die granittektonischen Merkmale zweier Batholithen werden in zwei Abbildungen dargestellt, besprochen und gedeutet. Weiterhin wird die Bildungsfolge der Gesteinstypen, die eine zonare Anordnung innerhalb der Plutone erkennen lassen, angegeben. Altersbestimmungen nach der K^{40}/A^{40}-Methode und petrochemische Untersuchungen ergänzen die Ausführungen.

G. GUITARD, E. RAGUIN & P. SABATIER: La symétrie des feldspaths potassiques dans les gneises et les granites des Pyrénées-Orientales (S. 207—215)

Mit Hilfe röntgendiffraktometrischer Untersuchungen wurde die Symmetrie von Kalifeldspäten, die aus Gesteinen verschiedener mineralfazieller Bereiche gewonnen wurden, untersucht. Dabei wurde festgestellt, daß in der Zone der Nordpyrenäen Orthoklas in katazonalen und Mikroklin mit mehr oder weniger ausgeprägter Triklinität in mesozonalen Gneisen (Staurolith-Quarz-Subfazies) auftritt und der Kalifeldspat innerhalb der (mesozonalen) „Zone axiale pyrénéenne" vorwiegend schlecht geordneter Mikroklin und nur gelegentlich Orthoklas ist. Verf. zeigen die Bedeutung von Übergangstypen und nennen die Faktoren, welche die Orthoklas-Mikroklinumwandlung beeinflussen. Für das untersuchte Gebiet ergab sich eine Abhängigkeit der Symmetrie des Kalifeldspates aus Graniten und Migmatiten von der Stellung dieser Gesteine innerhalb der metamorphen Serie.

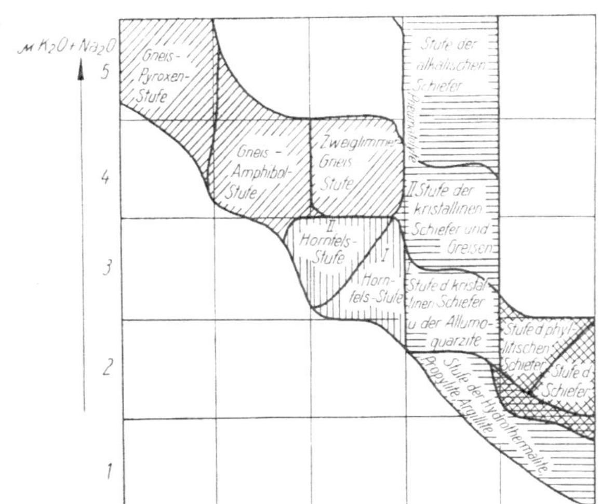

Abb. 2. Diagramm der Potentiale von $\mu K_2O + Na_2O - \mu H_2O$

1 — Bereich der plutonischen Injektionsmetamorphose (Gneis-Gruppe), 2 — Bereich der Thermokontaktmetamorphose (Hornfels-Gruppe), 3 — Bereich der metasomatischen oder Migrationsmetamorphose (Gruppe der metamorphen grobkristallinen Schiefer), 4 — Bereich der thermodynamischen Metamorphose (Gruppe der metamorphen Schiefer)

N. P. SEMENENKO: Theory of Metamorphism of Mobile Zones (S. 62—71)

SEMENENKO behandelt die Theorie der Metamorphose in mobilen Zonen, wobei er sich besonders auf sowjetische Veröffentlichungen (SEMENENKO, SOBOLEW, KORSCHINSKY u. a.) stützt. Es wird einführend auf die enge Bindung metamorpher Prozesse an die mobilen (Falten-) Zonen hingewiesen. Der Autor schreibt, daß Metamorphismus kein kontinuierlicher, an bestimmte Krustentiefen gebundener, sondern ein diskontinuierlicher, episodischer, mit den tektonischen Phasen und magmatischen Vorgängen verbundener Prozeß ist. Weiterhin werden die metamorphosierende Wirkung von Magmen und die Beziehungen zwischen metamorphen und magmatischen Prozessen behandelt. Bemerkenswerte theoretische Aspekte sind geeignet, die mit magmatischen Intrusionen verknüpften stofflichen Veränderungen zu erklären.

Auf der Grundlage der geäußerten Vorstellungen werden sodann die einzelnen Metamorphosegrade und deren Stellung innerhalb des tektonisch-magmatischen Geschehens kurz erörtert. Von besonderem Interesse ist der letzte Teil dieser Arbeit, der sich mit der Rolle mobiler Komponenten befaßt.

Unter Betonung der Beteiligung mobiler Komponenten (H_2O, CO_2, K_2O, Na_2O) und der auf ihre Wirkung zurückgehenden stofflichen Veränderungen während der Metamorphose zeigt ein Schema (Abb. 2) die Abhängigkeit der einzelnen Metamorphosegrade von den $K_2O + Na_2O/H_2O$-Potentialen.

Aus dieser Darstellung ist ersichtlich, daß hohe H_2O-Potentiale gewöhnlich mit niedrigen $K_2O + Na_2O$-Potentialen verknüpft sind und umgekehrt. Im Anschluß an einige grundsätzliche Bemerkungen werden dann die innerhalb der (in jeweils fünf Zonen unterteilten) Potentialbereiche vor sich gehenden Prozesse betrachtet.

W. S. SOBOLEW: Role of High Pressure in Metamorphism (S. 72—82)

SOBOLEW teilt einige wichtige Punkte zur Bedeutung hohen Druckes bei der Gesteinsmetamorphose mit. Vor den eigentlichen Ausführungen zum Thema werden für die Hauptstadien der Regionalmetamorphose folgende Temperaturbereiche angegeben: 400—600° C Niedrigtemperaturmetamorphose; 600—700° C Metamorphose bei mittleren Temperaturen; 700—900° C Hochtemperaturmetamorphose. Die Vorstellung einer mineralfaziellen Vertretbarkeit in Abhängigkeit vom H_2O-Überschuß bzw. Defizit (YODER u. a.) wird abgelehnt und demgegenüber geltend gemacht, daß metamorphe Prozesse nur bei Gegenwart von H_2O ablaufen (ESKOLA, KORSCHINSKY).

Am Anschluß daran diskutiert Verf. die Druckbedingungen während der Metamorphose an Hand einiger Mineralien und Mineralassoziationen. Die Abwesenheit von Coesit in Metamorphiten wertet er als Kriterium dafür, daß Drücke über 20000 at nicht auftreten. In Krustentiefen < 25 km werden Drücke zwischen 15000 und 20000 at durch tektonische Beanspruchung bewirkt. Von besonderem Interesse sind die Bemerkungen zum Eklogitproblem, das während des Kongresses auch von SMULIKOWSKI (Sektion 13) angeschnitten wurde. In diesem Zusammenhang wird über eine bemerkenswerte Mineralkombination berichtet [monokliner Pyroxen, Grossular mit 35% Almandin-Pyropanteil (!), Disthen], die sich in den Einschlüssen der Kimberlitpipes bildete und als ,,Grospydit" bezeichnet wird. Dieser Gesteinstyp entspricht der Eklogitfazies und ermöglicht es, ein vollständiges Paragenesendiagramm dieser Mineralfazies zu entwerfen.

Im System $Al_2O_3-SiO_2$ (CLARK, ROBERTSON, BIRCH) werden die Lage des Tripelpunktes und des Mullit-Sillimanit-Gleichgewichts und im System $NaAlSiO_2-SiO_2-H_2O$ (ROBERTSON, BIRCH, MACDONALD) die Gleichgewichtskurve Albit/Jadeit + Quarz korrigiert.

In dem besprochenen Band sind außerdem noch folgende Veröffentlichungen, von denen hier nur die Titel angeführt werden sollen, enthalten:

J. BELLIERE: Signification des structures de corrosion dans les roches migmatitiques (S. 30—36)
P. COLLOMB & G. A. DEICHA: Problème des contacts intergranulaires dans les granites et les gneiss (S. 37—39)
J. P. DÉVIGNE: Les problèmes du plutonisme dans le précambrien du gabon occidental (S. 164—171)
E. H. T. WHITTEN: Quantitative Evidence of Palimpsestic Ghost-Stratigraphy from Modal Analysis of a Granitic Complex (S. 182—193)

Besprechungen und Referate

HOPPE, W.

Die Kali- und Steinsalzlagerstätten des Zechsteins in der DDR, Teil I: Das Werra-Gebiet

Freib.-Forsch.-H., C 97/I, Akademie-Verlag, Berlin 1960. — 166 S., 38 Abb., 23 Tab.; 15,— DM

Das vorliegende Freiberger Forschungsheft von W. HOPPE stellt den ersten Teil eines geplanten vierbändigen monographischen Werkes über die Kali- und Steinsalzlagerstätten der DDR dar. Die Teile 2 (Südharzkaligebiet), 3 (Sachsen-Anhalt) und 4 (Mecklenburg/Brandenburg) befinden sich durch weitere Autoren in Arbeit.

W. HOPPE, der selbst jahrelang die Salzlagerstätte des Werra-Gebietes geologisch bearbeitete, hat mit seinem Werk die neuen Erkenntnisse bis zum Stand Anfang 1960 ausführlich zusammengefaßt.

Die Arbeit ist in acht unterschiedlich lange Abschnitte gegliedert: I. Einleitung, II. Stratigraphie des Zechsteins, III. Tektonik im Deck- und Salzgebirge, IV. Das Auftreten des Basaltes im Salzgebirge, V. Die natürliche Grenze der Lagerstätte, VI. Die Kalisalzlager, VII. Die Saline Bad Salzungen und VIII. Zusammenfassung.

So wird im Abschnitt über die Kalisalzlager auch dem Auftreten der Kohlensäure in den Kalisalzlagern, hydrometamorphen Vorgängen in den Kalisalzlagern und austretenden Laugen starke Beachtung geschenkt. Ein Unterabschnitt ist ausschließlich genetischen Problemen gewidmet.

Interessant sind die Ausführungen HOPPEs über die Genese des Begleitflözes zum oberen Lager, für das wohl sehr zu Recht eine primäre Bildung angenommen wird, und über die Verbreitung eines Salzhanges, dessen Bildung durch die sattelförmigen Aufwölbungen des Salzgebirges oder Abfälle zu lokalen Auslaugungssenken bedingt ist. Der sogenannte Salzhang ist somit nicht für das gesamte Werra-Gebiet typisch.

Die Genese der Kalisalzflöze wird von HOPPE insbesondere unter dem Aspekt sekundärer, altersverschiedener Einflüsse gesehen. Für die Umbildung werden einmal Laugen infolge hydrogeothermaler und dynamischer Thermometamorphoseprozesse im Sinne von F. LOTZE und zum anderen Basaltwässer und Tageswässer von Ausgehenden her (Hydrometamorphose) verantwortlich gemacht.

Die Möglichkeit primärer großräumiger Faziesdifferenzierung der Flöze Thüringen und Hessen wird angedeutet.

Sehr übersichtlich werden auch die tektonischen Verhältnisse des Werra-Gebietes beschrieben. Die unterschiedlichen Mächtigkeiten des Werra-Steinsalzes sieht der Verfasser im wesentlichen als tektonisch bedingt an; dadurch verwischen sich primäre Unterschiede. Die Carnallitkuppen von Menzengraben wären wohl besser als Produkte einer fließtektonischen Differentiation denn als solche einer ,,Carnallitschmelze" aufzufassen. Die auf westdeutschem Gebiet liegenden Schachtanlagen sind im Text weitgehend berücksichtigt.

Durch die Druckerei wurde eigenmächtig das Wort ,,Carnallit" in ,,Karnallit" umgewandelt; eine Fußnote weist auf diese Unzulässigkeit hin. Die Ausstattung des Buches ist recht gut, auch die Wiedergabe der Bilder ist gut gelungen.

Abschließend ist zu bemerken, daß mit vorliegender Arbeit nicht nur dem Geologen, sondern auch dem Bergmann ein Buch in die Hand gegeben wurde, das die Beziehungen zwischen Bergbau und Geologie sicher vertiefen wird.

J. LÖFFLER

POLJAKOW, W. D.

Die Salzlager der Kara-Bogasbucht

„Priroda", Nr. 3, 1960, S. 93—96

Der Kara-Bogasbucht fließen jährlich 6—35 km³ Wasser aus dem Kaspischen Meer zu, und es werden ihr damit 84—490 Mill. t Salze zugeführt. Der Salzgehalt des Kaspischen Meeres unterscheidet sich vom Salzgehalt der Ozeane vor allem durch höhere Magnesium- und Calziumsulfatgehalte (s. Tab.).

	$CaSO_4$	$MgSO_4$	KCl	NaCl	$MgCl_2$	$CaCO_3$	Salzgehalt in %
Kaspisches Meer	6,92	23,58	1,21	62,15	4,54	1,24	12,86
Weltmeer	3,88	6,13	2,19	78,32	9,72	0,33	34,30
Schwarzes Meer	2,58	7,11	2,99	77,12	9,07	1,59	18,60
Aralsee	12,38	27,32	1,00	57,16	0,003	2,00	10,91

Die Bucht macht Eintrocknungs- und Überflutungsstadien durch, die jeweils zur Ausscheidung verschiedener Salze, wie Kochsalz, Epsonit, Mirabilit, Glauberit, Astrachanit, Carnallit, Bischoffit, Syngenit und anderer Salze, führten. In Tiefen von 10—15 m wurden unterirdische Laugen angefahren, deren technische Auswertungsmöglichkeit besonders günstig ist. Der Mirabilit entwässert sich durch die Sonnenenergie zu Thenardit. Durch neue Verfahren könnten konzentrierte Kali-Bor-Magnesia-Dünger, magnesiahaltige feuerfeste Steine, Bor, Brom usw. gewonnen werden. E.

HARRINGTON, J. W.

Philosophy of Petroleum Exploration

Bull. AAPG, Vol. 44 (1960), Nr. 2, S. 227—234

Der Autor untersucht die Frage, wieweit man die Kenntnisse aus einem Aufschluß in unbekannte Gebiete extrapolieren kann. Zwei Methoden werden näher behandelt. Die eine betrifft die Sandsteinspeicher. Ihre Ausbildung ist eine Funktion der vorhandenen Energiegradienten in den ablagernden, strömenden Medien. Er geht dabei aus von der Einteilung nach RICH, welcher die Ablagerungsräume nach Undothem, Clinothem und Fondothem gliedert. Aus der Kenntnis dieser Räume kann man die mögliche Fortsetzung im Streichen und Fallen voraussagen. Die zweite Methode behandelt Voraussagen über das Auftreten von Korallenriffen aus vorhandenen Informationen über die Topographie des damaligen Meeresbodens.

Diese Voraussagen sind wichtig, da die einfachen strukturellen Lagerstätten im Undathem größtenteils bekannt sind und nun stratigraphische Lagerstätten in den absätzigen, veränderlichen Ablagerungen des Clinothems gesucht werden müssen. Hierzu wird eine größere Zahl von Erkundungsbohrungen nötig sein. MEINHOLD

LEIBNITZ, E.

Zur Frage der Erdölverarbeitung und ihrer Beziehungen zur chemischen Industrie in der Deutschen Demokratischen Republik

Sitz.-Ber. dtsch. Akad. Wiss. Berlin, Kl. Chem., Geol., Biol., Jg. 1959, Nr. 1, Berlin 1960

Die kleine Broschüre gibt einen vom Autor am 25. 5. 1959 gehaltenen Vortrag wieder. In ihm wird dargelegt, inwieweit man die in der DDR angewandten Synthesewege verändern muß, um sie von der Kohlenbasis zu lösen und auf Erdöl als Grundstoff umzustellen. Die Synthesen auf Erdölbasis werden ökonomischer, vor allem energiesparender als die auf Kohle als Grundstoff aufgebauten sein. Verf. setzt sich für eine Verbundwirtschaft zwischen Chemie und Energiewirtschaft ein. E.

SIMPSON, R. A.

Erdöl und Erdgas

„Canadian Mining Journal", Februar 1959

Die gewaltige Ausweitung der Erdölindustrie Kanadas in den letzten Jahren ist im Jahre 1958 durch eine abwartende Haltung gestoppt worden. Die Förderung an Erdöl ging gegen 1957 um 2,44 Mill. t auf 20,35 Mill. t zurück. Dagegen stieg die Erdgaserzeugung weiter auf 9,5 Milliarden m³. Das Erdöl ist mit einer Erzeugung im Wert von 401 Mill. $ noch immer der wichtigste Rohstoff Kanadas.

Ein Förderrückgang von 23% betraf den bedeutendsten Erdölproduzenten Alberta, während in den günstiger gelegenen, ein leichteres Erdöl produzierenden Feldern von Saskatchewan die Förderung weiter anstieg. In den einzelnen Provinzen wurden 1958 gefördert:

	Mill. t Erdöl	%
Alberta	13,5	66,4
Saskatchewan	5,65	27,7
Manitoba	1,14	5,6
British Columbia	0,06	0,3
	20,35	100,0

Die Erdölexporte Kanadas gingen 1958 um 45% zurück, wodurch sich einschneidende Produktionseinschränkungen notwendig machten. Die Erdölvorräte stiegen auf 425 Mill. t, wovon über 85% in Alberta gelegen sind.

Mit 3,66 Mill. m war die Bohrtätigkeit 1958 etwas geringer als 1957 (4,28 Mill. m). Deshalb konnten auch nur 2550 Bohrungen förderfähig gemacht werden (1957: 3000).

In Alberta hat sich die Bohrtätigkeit vor allem auf das Innisfail-Feld, die Swan Hills-, Kaybob- und auf die West Whitecourt-Gebiete konzentriert. Am Borland River, 250 km nordwestlich von Edmonton sowie südwestlich Calgary, in der Nähe von Picher Creek im Waterton Park-Gebiet, wurden bedeutende Erdgasvorkommen festgestellt, die den Pincher Creek-Vorkommen vergleichbar sind. In Saskatchewan wurden keine neuen Felder erbohrt, jedoch wurden die bekannten Felder in schnellem Tempo weiterentwickelt. Aufschlußbohrungen in Manitoba hatten keinen Erfolg. Dagegen war die Suche nach Erdgas am Eriesee erfolgreich. Im Peace River-Gebiet in Britisch Columbia wurden Aufschlußbohrungen fortgesetzt, jedoch konnten keine nennenswerten Erfolge erzielt werden. Ebenso gingen die Sucharbeiten am Mackenzie River in Yukon und Northwest Territories weiter; sie erstreckten sich auch an der arktischen Küste auf etwa 480 km Länge. In den östlichen Provinzen konnten trotz aller guten Anzeichen noch keine bedeutenden Felder mit Erdöl und Erdgas entdeckt werden.

Zur Ausnutzung der großen Gasfelder in Alberta wurde die Trans-Canada-Gasleitung gebaut, die den Osten Kanadas bis nach Montreal mit Gas versorgt. Sie ist die längste Gasleitung der Welt und erhält durch Zweigleitungen Gas von den Pincher Creek- und Princess-Gasfeldern. Anlagen zur Gewinnung und Verarbeitung von Erdgas wurden vor allem im Pembina-Gasfeld fertiggestellt. Die Cessford-Anlage wurde in Betrieb genommen und die bedeutende Pincher Creek-Anlage erweitert. Durch zwei neue Erdölraffinerien bei Vancouver und bei Toronto wurde die Verarbeitungskapazität Kanadas auf etwa 100000 tato erhöht. REH

DACHNOW, W. N. & E. M. GALIMOW

Über die Porosität karstartiger Karbonatgesteine

„Geologija Nefti i Gasa", Nr. 2, 1960

Verf. behandeln die Bedeutung der Karstgesteine als Erdölspeichergestein und schildern die Schwierigkeiten, die bei der Erkundung solcher Lagerstätten sowohl von geologischer als auch von geophysikalischer Seite aus bestehen. Es wird besonders auf den Wert eines gewissenhaften Studiums von an der Erdoberfläche bekannten Karstgebieten und auf methodische Voruntersuchungen aufmerksam gemacht. Darüber hinaus werden Gebiete der Sowjetunion benannt, die gute Voraussetzungen für eine Erdöl/Erdgaserkundung auf Lagerstätten vom Karsttypus besitzen. KNAPE

AMSTUTZ, B. C. & R. J. CHICO

Tracer Methods as applied to mining and metallurgical Recovery Problems

„Canadian Mining Journ.", Okt. 1959

Ausgehend von der Tatsache, daß selbst Erze der gleichen Zusammensetzung und augenscheinlich gleicher Beschaffenheit vielfach bei der Aufbereitung und Verhüttung sehr unterschiedliches Verhalten zeigen, beschäftigen sich die Verf. mit dem Problem, die im allgemeinen zeitraubenden und schwierigen Untersuchungen zu vereinfachen, die sich nötig machen, die Ursachen dieses verschiedenen Verhaltens zu ergründen. Da gewöhnlich das Ausbringen schlechter wird und damit nicht unerhebliche Verluste verbunden sind, kommt der Aufspürung der Verlustquellen eine sehr große Bedeutung zu. In den meisten Gruben wechselt die Zusammensetzung der Erze von Abbau zu Abbau, wobei sich genetische Beziehungen, vielfach aber auch Einflüsse der Tiefenlage oder sekundärer Prozesse auswirken.

Selbstverständlich ist die Beschaffenheit des Erzes nur eine der möglichen Verlustquellen, wenn auch zweifellos eine der wichtigsten. Es kann für den Betrieb von sehr großer Bedeutung sein und empfindliche Verluste verhindern, wenn es gelingt, möglichst schnell die Störungsursachen aufzufinden und den Abbau festzustellen, der das für den gegenwärtigen Prozeß ungeeignete Erz liefert.

Verf. weisen auf die Vorteile hin, die sich aus der Beimengung von radioaktiven Substanzen für die Feststellung von Verlustquellen und Untersuchung wichtiger Vorgänge ergeben. Sie beziehen sich dabei auf die guten Erfolge, die in verschiedenen Zweigen der Aufbereitung und Metallurgie in den USA, UdSSR und anderen Ländern mit radioaktiven Isotopen wie S^{35}, P^{32}, Ca^{45} und N^{12} erzielt wurden.

Grundsätzlich bestehen drei verschiedene Möglichkeiten:

1. Verwendung radioaktiver Erze oder Mineralien,
2. künstlicher radioaktiver Isotope,
3. aufgeprägter kurzzeitiger Aktivität.

Die Anwendungsmöglichkeiten radioaktiver Isotope für die Untersuchung aufbereitungstechnischer und metallurgischer Probleme, für die Feststellung von Verlustquellen und Vereinfachung analytischer Methoden lassen sich noch immer erweitern. Vor allem erscheint die Benutzung der radioaktiven Isotope Co^{60} und C^{14} noch in vieler Hinsicht erfolgversprechend. Auch die Aufprägung kurzzeitiger Aktivität wird in Zukunft verschiedene Untersuchungsverfahren vereinfachen.

H. Reh

Tichonenko, I. P.

Die genetischen Typen und Klassifikation der Lagerstätten von Zirkonium und Hafnium

Fragen der Mineralogie, Geochemie und Genese von Lagerstätten seltener Elemente, Folge 2, Moskau 1959, S. 211 bis 229

Von den Mitarbeitern des Instituts für Mineralogie, Geochemie und Kristallochemie seltener Elemente der Akademie der Wissenschaften der UdSSR wurden Klassifikationen verschiedener seltener Elemente herausgegeben. Verf. behandelt die Klassifikation der Zr- (Hf-)Lagerstätten.

Die größte Rolle für eine perspektivische Beurteilung spielt das Erkennen des Zusammenhanges der Zr-Lagerstätten mit den einzelnen Gesteinstypen. Aus diesem Grunde werden im ersten Teil der Arbeit die Gesteinstypen, in denen die Zr-Lagerstätten auftreten, betrachtet (ultrabasische und alkalische Gesteine, Nephelinsyenite, alkalische Syenite, alkalische Granite und normale Granite). Die unterscheidenden Merkmale und die Verbreitung verschiedener Gesetzmäßigkeiten innerhalb dieser fünf Typen werden charakterisiert.

Im zweiten Teil der Arbeit wird eine genetische Typisierung der Zr-Lagerstätten gegeben. Der Autor unterscheidet neun Typen von Zr-Lagerstätten, und zwar magmatische, pegmatitische, pneumatolytische, hydrothermale, kontaktmetasomatische, metasomatische Lagerstätten, Seifen, chemogene Lagerstätten und Lagerstätten der Verwitterungskruste. Ein Vergleich der genetischen Typen zeigt, daß die Seifenlagerstätten und Lagerstätten in metasomatisch albitisierten Gesteinen am wichtigsten sind.

W. Beyer

Macdonald, R. D.

Iron Deposits of Wabush Lake, Labrador

„Min. Engin.", Jg. 12 (1960), S. 1098–1102

Bereits seit 1929 wurden NE-Metalle im Labrador-Ungava-Trog gesucht, ohne daß größere Erfolge zu verzeichnen waren. Durch diese Erkundungen entdeckte man jedoch eisenerzführende Formationen, die in den folgenden Jahren immer intensiver untersucht wurden. Seit 1958 erfolgte im Gebiet des Carol Lake und des Wabush Lake die Erkundung der größten Erzkörper, um bergmännische Arbeiten beginnen zu können.

Die Eisenerzformation des Labrador-Ungava-Troges geht nach Süden in die regionalmetamorphe Serie im Bereich des Wabush-Lake-Gebietes über. Diese Serie liegt hier innerhalb einer Abfolge metamorpher Sedimente, die aus Quarziten und einem Schiefer- und Gneiskomplex bestehen. In diesen Komplex intrudierten Gabbros, Diorite und verwandte basische Tiefengesteine, die als typische Massive auftreten, an ihren Rändern jedoch gneisartig bis schiefrig ausgebildet sind. Als jüngste präkambrische Gesteine treten hauptsächlich im Westen der Carol-Wabush-Lake-Region Granite, Granitgneise und verwandte Typen auf.

Die Eisenerzformation umfaßt Eisenoxyd-, Eisensilikat- und Eisenkarbonatgesteine sowie verschiedene Amphibol-Pyroxenschiefer und Gneise, die innerhalb der Eisenerzglieder liegen.

Innerhalb der Erzlager werden eine Karbonatfazies, eine Silikat-Karbonat-Fazies und eine Oxydfazies unterschieden.

Diese Abfolge weist einen deutlichen Zonarbau auf, der an der Basis mit der Karbonatfazies beginnt und zum Hangenden über eine Silikat-Karbonat-Fazies in eine Oxydfazies übergeht. Durch Änderung der Ablagerungsräume kann auch die umgekehrte Reihenfolge auftreten.

Die Oxydfazies ist meist durch eine tiefere magnetitreiche und eine höhere hämatitreiche Zone charakterisiert. Die basale Zone ist klar von der Silikatzone abgetrennt, während Grünerit und Magnetit in einer schmalen Zone unter der Hauptoxydationszone auftreten. Die einzelnen Faziesbereiche sind oft räumlich getrennt und wechseln beträchtlich in ihrer Mächtigkeit. In dem hier beschriebenen Gebiet sind alle anderen Fazies zusammen weniger als 60 m mächtig, während die Oxydfazies Mächtigkeiten von 120 bis 150 m erreicht.

Die Hauptkomponenten des oxydischen Bereichs sind Quarz, Hämatit und Magnetit, während Limonit, Eisenkarbonat, Grünerit und Amphibol als Akzessorien auftreten.

Die Erkundung der Lagerstätten erfolgte mit verschiedenen Methoden, die eingehend beschrieben werden.

Die stratigraphische Stellung veranschaulicht nachfolgende Tabelle.

<table>
<tr><td colspan="2">Känozoikum</td><td colspan="4">Glaziale, limnische und fluviatile Sedimente</td></tr>
<tr><td colspan="6">Diskordanz</td></tr>
<tr><td rowspan="10">Präkambrium</td><td rowspan="10">Proterozoikum</td><td rowspan="3">Montagnais (Keweenawan-Typ)</td><td colspan="2">Sawbill</td><td>Granite, Granodiorite und verwandte Gneise</td></tr>
<tr><td colspan="3">Intrusivkontakt</td></tr>
<tr><td colspan="2">Shabogamo</td><td>Gabbro, Diorit und verwandte basische Intrusiva</td></tr>
<tr><td colspan="4">Intrusivkontakt</td></tr>
<tr><td rowspan="6">Kaniapiskau (Huron?)</td><td colspan="2">Nault</td><td>Graphit-, Chlorit- und Glimmerschiefer</td></tr>
<tr><td rowspan="2">Wabush</td><td>obere</td><td>Quarz-Hämatit-Glieder
Quarz-Magnetit-Hämatit-Glieder
Quarz-Magnetit-Glieder</td></tr>
<tr><td>untere</td><td>Quarz-Karbonat-Magnetit-Grünerit-Glieder
Quarz-Karbonat-Glieder</td></tr>
<tr><td colspan="2">Carol</td><td>Quarzite, granatführende Quarzite</td></tr>
<tr><td colspan="2">Duley</td><td>Unreine Dolomite, Marmore</td></tr>
<tr><td colspan="2">Katsao</td><td>Granat-, Biotit-, Hornblendeschiefer und Gneise</td></tr>
<tr><td colspan="6">Diskordanz</td></tr>
<tr><td>Archaikum</td><td>Ashuanipi-Komplex</td><td colspan="4">Orthogneise, Paragneise, saure und basische Intrusiva</td></tr>
</table>

Bc

RÖDIGER, K.

Analyse der Salzstock-Hebungen mit Hilfe elektrischer Bohrlochmessungen, dargestellt an den Salzstöcken Bramstedt und Etzel

„Erdöl und Kohle", Jg. 13 (1960), Nr. 3, S. 149—153

Ziel der Arbeit ist, zu entscheiden, ob die Salzstöcke kontinuierlich oder nur während der Orogenesen aufsteigen. Für diese Untersuchungen wurden die Salzstöcke Bramstedt und Etzel ausgewählt, da hier genügend Bohrungen mit elektrischen Bohrlochmessungen vorhanden sind, die eine genauere stratigraphische Gliederung zulassen. Für jede Stufe wurden Mächtigkeitskarten konstruiert. Zur statistischen Auswertung wurden daraus die Richtung der Isopachen und die Gradienten quer dazu entnommen. Bewegungsänderungen müßten sich in diesen Größen abbilden. Die Analyse ergibt nun, daß wohl eine kontinuierliche Hebung festzustellen ist, daß aber in den orogenetischen Phasen eine Beschleunigung des Aufstieges erfolgte, besonders trifft das für die jungkimmerische, laramische und pyrenäische Phase zu. Außerdem lassen sich mit der Methode auch Störungen durch Fehlbeträge in der Mächtigkeit feststellen. Ein Beispiel dazu wird besprochen. MEINHOLD

PRJANISCHNIKOW, W. E.

Der ökonomische Nutzen des kernlosen Bohrens

„Raswedka i Ochrana Nedr", Nr. 7, 1959

Die leider sehr kurzen Ausführungen PRJANISCHNIKOWs dürften für jeden Geologen von größtem Interesse sein. Die jährlich in fast allen Ländern der Erde für die Erkundung von Lagerstätten niedergebrachten Aufschluß- oder Produktionsbohrungen verursachen derartig hohe Kosten, daß sich der Bohrtechniker immer wieder damit beschäftigt, die technische Basis zu verbessern, um eine höhere Arbeitsproduktivität zu erzielen und die Selbstkosten zu senken.

Auch der Geologe kann bei der Niederbringung einer Bohrung wesentlich zur Selbstkostensenkung im Bohrfeld beitragen, wenn er folgende Faktoren berücksichtigt:

1. Auswahl eines ökonomisch begründeten Bohrpunkts,
2. richtige Wahl eines rationellen Winkels zur Verkürzung der Bohrlochlänge bei Schrägbohrungen,
3. Anwendung von Fiederbohrungen zur Einsparung der Abbau-, Aufbau- und Transportkosten,
4. Durchführung eines möglichst kernlosen Bohrens zur Vereinfachung der Bohrlochkonstruktion.

Punkt 4 behandelt PRJANISCHNIKOW besonders ausführlich. An Hand mehrerer Beispiele weist er die ökonomischen Vorteile des kernlosen Bohrens am Gerät Sif—300 gegenüber dem teilweise bisher geübten Kernbohren nach. Er zeigt den Zeitgewinn für das Ein- und Ausfahren, den verringerten Verschleiß der Verrohrung und die bessere Arbeitszeitbilanz infolge verringerter Möglichkeiten von Havarien. Nach seinen Angaben betragen die Einsparungen beim kernlosen Bohren bei sechs Gesteinskategorien etwa 42—46%.

Abschließend bemerkt Verf. jedoch, daß die Verwendung des kernlosen Bohrens bis kurz vor den Produktionshorizont bzw. bis zu den Schichten, die erreicht werden sollen, nur dann erfolgen kann, wenn eine einwandfreie Dokumentation der kernlosen Bohrung gewährleistet ist. Das kernlose Bohren sollte, wie bei der geologischen Erkundung in der DDR, in der Hauptsache nur in solchen Lagerstätten erfolgen, wo auf eine Probenahme des Nebengesteins verzichtet werden kann.

Die Geologen der DDR streben bereits jetzt an, den Prozentsatz der zu ziehenden Kontrollkerne möglichst niedrig zu halten und auf 2 bis 5% der gesamten Bohrlochlänge herabzusetzen. Ihnen ist zu empfehlen, die Arbeit PRJANISCHNIKOWs für ihre praktische Arbeit im Bohrfeld auszuwerten, um noch bessere ökonomische Erfolge zu erzielen.

TREPPSCHUH

TSCHIRWINSKAJA, M. W.

Erfahrungen bei der komplexen Anwendung von seismischer Erkundung und Bohrarbeiten

„Geologija Nefti i Gasa", Nr. 3, 1960

In der Dnejpr-Don-Senke und der Karpatenvorsenke sind stark gestörte Antiklinalen weit verbreitet. 1958 wurden zwei Strukturen — Olischewka und Doroginka — von Mitarbeitern des Ukrneftegeophysika komplex erkundet, d. h. seismische Vermessungen kombiniert mit Bohrarbeiten durchgeführt. Auf der Struktur Olischewka wurden 24 und auf der Struktur Doroginka 22 Bohrungen niedergebracht; zwei bzw. vier Bohrungen mit einer Teufe von 1200—1300 m, bei den übrigen betrug die Teufe 600—700 m. Die Bohrungen dienten der Klärung der lithologisch-faziellen Besonderheiten des Mesozoikums und des Alttertiärs, der Präzisierung tektonischer Details in Bereichen mit ungünstigen seismogeologischen Bedingungen und der stratigraphischen Zuordnung der Reflexionshorizonte. So wurde u. a. eine 20—50 m tiefe Einmuldung, die schon im Bereich der seismischen Fehlergrenze liegt, durch Bohrungen sicher belegt. Das Ergebnis der Arbeiten bildeten jeweils zweisichere Strukturkarten (Olischewka: Unterperm und Karbon; Doroginka: Trias und Unterperm).

Durch die komplexe Anwendung der beiden sich gegenseitig ergänzenden Methoden wurde die Vorbereitung der Strukturen zum Ansatz von Tiefbohrungen von zwei Jahren auf ein Jahr herabgesetzt und ca. 30% der projektierten Kosten eingespart.

Auf Grund der bei diesen Untersuchungen gesammelten Erfahrungen — die Beseitigung der noch aufgetretenen Fehler, z. B. begann man gleichzeitig mit dem Abbohren und der seismischen Erkundung, wird noch weitere Erfolge bringen — werden zwei Etappen der Erkundung vorgeschlagen:

1. Vorbereitung der Strukturen für Tiefbohrungen durch seismische Vermessung, kombiniert mit Erkundungsbohrungen (Bohrungen bis 1500 m, die Seismik erfaßt aber auch tiefere Horizonte). Erfolgreich verläuft die Erkundung in dieser Etappe jedoch nur bei einer organisatorischen Einheit von Seismik und Bohrarbeiten, die eine tägliche Koordinierung garantiert.

2. Wiederholte seismische Erkundung in Verbindung mit Tiefbohrungen auf Strukturen, deren Erdölführung durch Vorerkundungsbohrungen, die auf Grund der in der ersten Etappe gewonnenen Ergebnisse angesetzt wurden, nachgewiesen ist.

Die von TSCHIRWINSKAJA in dieser Arbeit vorgeschlagene Erkundungsmethodik sollte auch bei uns in der Deutschen Demokratischen Republik Beachtung finden.

F. WEGERT

STRACHOW, N. M.

Klima und Phosphatanhäufung

„Geologie der Erzlagerstätten", Jg. 1 (1960), H. 1, S. 3—15

Im Hauptteil dieser Arbeit werden die Verbreitung der Phosphoritlagerstätten und die Besonderheiten der Phosphatanhäufung behandelt. Das Vorhandensein von paläoklimatischen Karten und die Verteilung der Phosphoritlagerstätten erlauben gegenwärtig einige Schlußfolgerungen über die Phosphatanhäufung. Die Phosphorite entstanden in humiden und ariden Klimazonen. Die ariden Zonen waren die Hauptträger der Phosphatanhäufung (mehr als 80% der Weltvorräte) in der Erdgeschichte.

Im humiden Klimabereich erfolgt die Phosphatanhäufung praktisch nur auf den Plattformen. Die Phosphoritbildungen sind meist konkretionär und zeigen nur selten einen lagigen Typ. Die Nebengesteine sind meist sandige, glaukonithaltige, tonige graue Gesteine ohne Dolomit- und Gipszwischenschichten.

Im ariden Klimabereich entsteht eine Phosphatanhäufung vorwiegend in geosynklinalen Zonen und nur untergeordnet auf Plattformen. Charakteristisch sind dann lagige Phosphoritablagerungen. Rotgefärbte Schichten mit Zwischenlagen von dolomitischen und halogenen Gesteinen bilden meist die Nebengesteine.

Weiterhin beschäftigt sich der Autor mit dem Mechanismus der Phosphatanhäufung in den Meeresablagerungen und stützt sich dabei vorwiegend auf die Arbeiten von A. W. KASAKOW (1939; s. L. B. RUCHIN, Grundzüge der Lithologie, Akad.-Verl., Berlin 1958). Im abschließenden Teil wird kurz auf die Rolle der hydrothermalen Prozesse bei der Entstehung von Phosphoritlagerstätten eingegangen, die mit dem Vulkanismus geosynklinaler Gebiete zusammenhängen. Derartige Lagerstätten treten nur im Präkambrium und Paläozoikum auf.

Eine Tabelle der stratigraphischen Verbreitung der Phosphorite in den einzelnen Klimatypen vervollständigt die Arbeit. W. BEYER

BREYER, H.

Die Bedeutung der Messung des Beständigkeitsgrades für die Auswahl fester mineralischer Stoffe

„Z. Zement—Kalk—Gips“, Jg. 13 (1960), S. 584—588

BREYER, H.

Die bautechnische und wirtschaftliche Bedeutung der Messung des Beständigkeitsgrades für die Auswahl und Verwendung fester mineralischer Baustoffe

„Z. Straßen- u. Tiefbau“, Jg. 14, S. 958—962, Heidelberg 1960

Der Verfasser, seit Jahren Leiter der Gesteinsprüfstelle der Deutschen Bundesbahn in Kassel, beschäftigt sich in den beiden Veröffentlichungen mit den Methoden zur Feststellung der Frostbeständigkeit oder, wie er es bezeichnet, des Beständigkeitsgrades fester, mineralischer Baustoffe. Dafür sind nach den DIN-Vorschriften zwei Verfahren im Gebrauch; der Frostimitationsversuch im Gefrierschrank und das Wassersättigungswert-Verfahren. Er lehnt den praktischen Gefrierversuch ab, da die Frostbeständigkeit oder Frostunbeständigkeit der festen, mineralischen Baustoffe allein von ihrer Wasseraufnahme und der nach Frost folgenden Eisbildung abhängt. Im Gegensatz zum Gefrierversuch mit wechselndem Gefrieren und Auftauen beruht das Wassersättigungswert-Verfahren nach HIRSCHWALD auf dem meßbaren Wassersättigungsgrad der Poren, der allein entscheidend zur Beurteilung des Beständigkeitsgrades ist. Der Wassersättigungsbeiwert S wird nach HIRSCHWALD aus dem Verhältnis der natürlichen Wasseraufnahme zur größtmöglichen Wassersättigung unter 150 atü festgestellt. Die Grenze der Frostbeständigkeit zur Frostunbeständigkeit liegt strenggenommen bei einem Wassersättigungsgrad von 91% entsprechend der Ausdehnung des Eises um 9 Raum-% bei 0 °C bei dem Übergang von Wasser zu Eis. In der Praxis wird als Anhaltswert aus Sicherheitsgründen ein Sättigungsbeiwert von 85% zugrunde gelegt. Dieses nach dem Vorschlag von HIRSCHWALD in die DIN-Vorschriften aufgenommene Verfahren hat sich seit Jahrzehnten ohne Zweifel bewährt und mußte sich bewähren, da es von klaren physikalischen Grundlagen ausgeht, die meßbare Ergebnisse ermöglichen. Es verdient besonders hervorgehoben zu werden, daß das Urteil des Verfassers über die Messung des Beständigkeitsgrades fester, mineralischer Baustoffe auf jahrzehntelangen Erfahrungen beruht. Bei diesem Verfahren handelt es sich nicht allein um eine physikalische, meß- oder materialprüftechnische Angelegenheit, sondern der Prüfung kommt eine große wirtschaftliche Bedeutung zu. Sie ermöglicht, bei festen, mineralischen Baustoffen den Frostbeständigkeitsgrad vorausgreifend und auch wert- und zahlenmäßig belegt zu bestimmen und zu beurteilen.

W. HOPPE

GRIGOROWITSCH, M. B.

Vermiculit und Perlit als Rohstoffe für Baumaterialien

„Raswedka i Ochrana Nedr“, H. 8, 1960, S. 63

In der letzten Zeit wurden Vermiculit und Perlit für die Baustoffindustrie wertvolle Rohstoffe. Beide blähen sich beim Erhitzen auf 800—1000° auf das 5- bis 20fache Volumen auf, wobei ein leichtes poröses Material mit sehr guten Wärme- und Schallisolationseigenschaften entsteht.

Als Rohstoffbasis zur Gewinnung leichten porösen Materials können saure Effusivgesteine von glasigem Aufbau, die 2—6% gelöstes Wasser enthalten, dienen. Der Aufblähungskoeffizient soll nicht unter 5 liegen, das Schüttungsgewicht des Perlitsandes 250 kg/m³ nicht überschreiten und die Brenntemperatur nicht mehr als 1200° betragen.

Verwendung finden Perlitsande als a) industrielle Wärmeisolationsmittel zwischen minus 180—190° und plus 750 bis 800° C; b) akustische und feuerfeste Isolation in einem Lehm-, Gips-, Zement-, zuweilen auch Asbestbindemittel für Bauten; c) Füllmasse für Plaste, Farben, Asphaltmischungen; als Filter, Dünger usw. Der Perlitsand ist Gegenstand ausgedehnten Exports und Imports. Die Gewinnung betrug 1959 in den USA 350000 t bzw. 3 Mill. m³. Zu den verwendbaren Gesteinen gehören die eigentlichen Perlite, die Liparite, die Obsidiane und die Vitrophyre.

Fast unerschöpfliche Vorräte besitzen die Lagerstätten von Aragazk und Fontansk usw. in Armenien, die der Versorgung ganz Kaukasiens, des Wolgagebietes. Turkmeniens und dem Export dienen können. Weitere Vorkommen liegen bei Tschita (Jakutien), in Aserbaidshan, Grusinien, dem Karpatenbogen (bedeutend), im Fernen Osten und sehr verbreitet auf Kamtschatka, ferner in Kasachstan.

Thermovermiculit (aufgeblähter Vermiculit) wird beim kurzfristigen Brennen des Vermiculits von 3—5 Minuten bei 850—900° gewonnen. Der Rohstoff soll einen Wassergehalt von nicht mehr als 7% und nicht mehr als 8% unaufblähbare Teilchen besitzen. Thermovermiculit soll im trokkenen Zustand 150—250 kg/m³ wiegen sowie einen Wärmeleitkoeffizienten (kcal/m · Std · Grad) bei t = 30° von nicht mehr als 0,070—0,086 und bei t = 100° von nicht mehr als 0,085—0,090 aufweisen. Aus Thermovermiculit gewinnt man bei Asbestzugabe Wärme- und Schallisolationsmittel. Er wird auch zur Herstellung des Vermiculitbetons mit dem Gewicht von 325—880 kg/m³ verwendet (d. h. mit einer Dichte kleiner als Wasser). Solche Vermiculitplatten fanden als Schallisolation beim Bau des Kulturpalastes in Warschau und des Leninstadions in Moskau Verwendung. Mit Hilfe des Vermiculits wird der Brennstoffverbrauch von Industrieöfen um 20% gesenkt und die Produktivität des Ofens um 10—12% gesteigert.

In den USA betrug 1956 die Vermiculitgewinnung 170000 t, in der UdSSR 542000 t. In der Sowjetunion werden die perspektivischen Vorräte allein auf der Halbinsel Kola auf 50 bis 80 Mill. t geschätzt. Der Vermiculit ist an ultrabasische alkalische Massive geknüpft und hydrothermaler Entstehung. Große Vorräte existieren auch im Fernen Osten und im Ural.

Die Erkundung und Erforschung der beiden Rohstoffe wird jetzt in der Sowjetunion besonders in Sibirien, wo sie sehr benötigt werden, forciert. W. BACH

NEUBERT, K. & W. STEIN

Plan- und Rißkunde, Bd. I

Hrsg. Hauptabteilung Fernstudium der Bergakademie Freiberg, 2. Aufl. 1958, 299 S. mit Beilagen

Der Band I der vorliegenden Plan- und Rißkunde stellt die 2. verbesserte Auflage der in den Jahren 1954/55 erschienenen Lehrbriefe 1—4 gleichen Titels dar. Die Lehrbriefe 5—8 bilden den Inhalt des Bandes II. Der Stoff von Bd. I und II, von zwei bekannten Markscheidern unserer Republik leicht verständlich dargebracht, gliedert sich in drei Hauptteile. Im ersten Teil wird ein geschichtlicher Rückblick über die Entwicklung des Rißwesens von der Römerzeit bis zur Gegenwart gegeben. Der zweite Teil behandelt das bergmännische Rißwerk und seine Anfertigung. Der dritte Teil gibt eine Darstellung des bergmännischen Rißwerkes als Grundlage neuer Erkenntnisse. In den Kapiteln des I. Bandes werden der Inhalt des bergmännischen Rißwerkes, seine Darstellungsarten, die allgemeinen Hilfsmittel zum Zeichnen, die Methoden der Verkleinerung und Vergrößerung usw. behandelt. Mit den Kapiteln 12—15 über die Anfertigung von Grundrissen, von Auf- und Flachrissen, der Konstruktion perspektivischer Bilder und einer Abhandlung über Raumbilder und Bildmessung schließt der I. Band.

Die dem Band I beigefügten Tafeln von Sohlen- und Abbaugrundrissen, Schnitten usw. bilden eine sehr anschauliche und nützliche Hilfe für die Studierenden. F. HESS

MAERCKS, J. & W. OSTERMANN

Bergbaumechanik. Lehrbuch für bergmännische Lehranstalten, Handbuch für den praktischen Bergbau

Sechste verbesserte Aufl. von Dr.-Ing. W. Ostermann, Springer-Verlag Berlin/Göttingen/Heidelberg 1960. — 616 S., 410 Abb.; 36,— DM

Das seit 1930 erscheinende Buch dient der Ausbildung der Gruben-, Maschinen- und Elektrosteiger und -betriebsführer im Zuständigkeitsbereich der Westfälischen Berggewerkschaftskasse. Darüber hinaus soll es der Praxis eine Hilfe für die Lösung technischer Probleme sein. Da mit zunehmender Mechanisierung im Bergbau die Anforderungen ständig gestiegen sind, hat sich mehrfach eine Überarbeitung des Werkes nötig gemacht. Trotzdem ist der Umfang im wesentlichen der gleiche geblieben. In zahlreichen Beispielen wird der Anwendung der Gesetze aus der Statik und Dynamik fester Körper, der Festigkeitslehre und der Strömungsmechanik besondere Beachtung geschenkt. Das Buch ist mit zahlreichen Tabellen und Zahlentafeln ausgestattet.

Im allgemeinen erfolgt die Ableitung der behandelten Gesetze mit Hilfe der niederen Mathematik. Besonderer Wert ist auf graphische Verfahren gelegt worden, die verhältnismäßig rasch zum Ziele führen und ausreichend genau sind.

Gegenüber der 1958 erschienenen 5. Auflage enthält die jetzige Auflage keine größeren Abänderungen. HASS

HÖLL, K.

Untersuchung, Beurteilung und Aufbereitung von Wasser

Verlag Walter de Gruyter & Co., Berlin 1960. — 3. Aufl., XI, 235 S.; 24,— DM

Schon die kurze Aufeinanderfolge von 2. und 3. Auflage läßt vermuten, daß dieses Buch viel Wissenswertes enthält und anscheinend auch interessant gestaltet wurde. Es zeigt in erster Linie die Methoden zur Bestimmung der im Wasser enthaltenen Stoffe, die für eine Beurteilung der Eignung als Trink- und Brauchwasser oder des Verhaltens gegenüber Werkstoffen bekannt sein müssen. Für viele Bestandteile werden neben dem laborativen Analysengang noch Methoden für eine orientierende Feldbestimmung angegeben. Sehr wertvoll sind auch die eingehenden Hinweise auf Störungen bei der Analyse. Vermißt wird die bakteriologische Wasseruntersuchung. Die Abschnitte über die Beurteilung des Wassers sind sehr aufschlußreich und bilden zusammen mit der Schilderung der Untersuchungsmethoden eine sinnvolle Kombination. Der Abschnitt über die Aufbereitung von Wasser gibt nur einen ersten Einblick in das umfangreiche Gebiet der Wasseraufbereitung; Einzelheiten der Aufbereitungstechnik werden nicht genannt. In der 3. Auflage wird auch kurz auf Mineral- und Heilwässer eingegangen.

ZIESCHANG

Neuerscheinungen und Literaturhinweise

Autorenkollektiv

Geologie sowie Erdöl- und Gasführung in Mittelasien, im Wolga—Ural-Gebiet, in Ziskaukasien und im Kaspigebiet (Arbeiten des Wissenschaftlichen Unions-Forschungsinstituts für geologische Erkundung. 30. Folge)

Gostoptechisdat, Moskau 1960. — 352 S.

Autorenkollektiv

Beiträge über die erdöl- und erdgasführenden Gebiete (Arbeiten des Instituts für Geologie und Abbau brennbarer Minerale, Bd. 2)

Verlag AN SSSR, 1961. — 240 S.

Erdölgewinnung und -verarbeitung

(Wissenschaftliche Notizen des Staatl. Wiss. Forschungs- und Projekt.-Instituts der Kohlen-, Erz-, Erdöl- und Erdgas-Industrie Ukrniiprojekt, 4. Folge)

Verlag Ukrniiprojekta, 1960. — 128 S.

SCHACHOW, F. N.

Erztexturen

Verlag AN SSSR, 1961. — 192 S.

JERGALIJEW, A. K. u. a.

Abbaumethoden für Lagerstätten mittlerer und geringer Mächtigkeit und Wege zu ihrer Vervollkommnung

Gostoptechisdat, Moskau 1960. — 112 S.

FISCHMANN, M. N. & D. S. SOBOLEW

Praxis der Erzaufbereitung von Bunt- und seltenen Metallen Bd. II: Kupfer-, Nickel- und Kobalterze

Gosgortechisdat, 1960. — 800 S.

Autorenkollektiv

Fragen der Geologie des Ostrandes der Russischen Tafel und des Südlichen Urals

Verlag AN SSSR, 1961. — 240 S.

Nachrichten und Informationen

Der 3. Fünfjahrplan der ČSSR

Der 3. Fünfjahrplan der ČSSR von 1961 bis 1965 sieht für das Gesamtgebiet der Industrie ca. 130 Mrd. Kčs an Investitionsmitteln vor. Die Industrieerzeugung soll bis 1965 um 56% steigen. Dabei entfällt 1965 auf den Maschinenbau etwa ein Drittel der gesamten Industrieproduktion. Besondere Förderung erfährt ebenfalls die Hütten-, Baustoff- und chemische Industrie.

Die Steinkohlenförderung wird im 3. Fünfjahrplan um 18% steigen. 1965 sollen 31,5 Mill. t Steinkohle, davon 18,5 Mill. t verkokbarer Kohle gefördert werden. 85% dieser Kohlen kommen aus dem Revier von Ostrawa—Karvin.

Auch der Braunkohlen- und Lignitbergbau wird erweitert und soll 1965 70 Mill. t Braunkohle (30% mehr als 1960) und 4,2 Mill. t Lignit zur Verfügung stellen. Diese Förderung erfolgt vornehmlich in Großtagebauen unter Einsatz von Großmaschinen, wie der Bagger DO 800 und K 800 mit Leistungen von 704 bzw. 960 m^3/h. Die Braunkohle wird vor allem den Wärmekraftwerken zugeführt.

Eine erhebliche Förderung erfährt auch die Hüttenindustrie. Für 1965 ist eine Erzeugung von 7,7 Mill. t Roheisen, 7,3 Mill. t Walzmaterial und 10,6 Mill. t Rohstahl vorgesehen. 1959 wurden 4,2 Mill. t Roheisen und 6,1 Mill. t Rohstahl erzeugt.

Für den Industriezweig Chemie sind u. a. der Bau von zwei Stickstoffkombinaten in Sala und eines Kunstfaserwerkes Kabron in Humenné in der östlichen Slowakei, einer Reifenfabrik in Otrokovice bei Gottwaldov und der Bau von zwei Werken für Kunstkautschuk vorgesehen. He.

Der Fünfjahrplan 1961/1965 Jugoslawiens

Im Fünfjahrplan Jugoslawiens für die Jahre 1961 bis 1965 ist eine Steigerung der Produktion von Roheisen von 1 auf 1,6 Mill. t, bei Profilstahl von 510000 auf 640000 t, bei Grob- und Mittelblechen von 105000 auf 330000 t, bei Feinblechen von 104000 auf 150000 t und bei Röhrenerzeugnissen von 88000 auf 160000 t vorgesehen. Die Rohstahlerzeugung des Landes soll von 1,4 auf 2,3 Mill. t jährlich steigen. Dieses erhöhte Rohstahlaufkommen sollen überwiegend die bereits bestehenden Hüttenwerke aufbringen. Sie sollen durch Rationalisierungsmaßnahmen und Einführung einer neuen Technik etwa 550000 t mehr Rohstahl erzeugen. Darüber hinaus entsteht jedoch bei Skoplje ein neues Hüttenwerk mit einer vorläufigen Kapazität von 300000 t Rohstahl. In diesem Werk soll erstmalig das Elektroniederschachtofen-Verfahren angewandt werden. In seiner Endaufbauphase bis 1972 soll dieses Werk in Skoplje eine Kapazität an Rohstahl von 940000 t erhalten. Dies würde ein Drittel des Rohstahlaufkommens des Landes bedeuten.

Bekanntlich ist Jugoslawien infolge unzureichender inländischer Vorkommen an verkokungsfähiger Steinkohle gezwungen, Kokskohle einzuführen. Um diesen Engpaß zumindest bis zu einem gewissen Grade zu überwinden, sind Ende 1960 im Kokswerk von Lukavac (Bosnien) Industrieversuche aufgenommen worden, um im elektrothermischen Verhüttungsverfahren den erforderlichen Schwelkoks aus inländischen Braun- bzw. Lignitkohlen zu gewinnen.

Zur Deckung des wachsenden Energiebedarfs werden neue Großkraftwerke geplant. He.

Der Wandel in der italienischen Energiebilanz

Schneller als in den meisten westeuropäischen Ländern vollzieht sich in Italien die Steigerung des Erdölanteils als Energiequelle, da das Land bei dieser Umstellung kaum von Rücksichten auf inländische Kohlenproduzenten gehemmt wird.

Vor dem 2. Weltkrieg wurden noch 71% des Energiebedarfs durch feste Brennstoffe, darunter 50% mit Steinkohlen, gedeckt. 1959 betrug dieser Anteil nur noch 24,1%, wobei der Kohleanteil auf fast 10% zurückging.

Der Anteil von Erdgas stieg von 5,1% auf 16,6%, der von Erdöl von 16,4% auf 46,8%.

In Zukunft wird die Nachfrage nach Kohlen von dem Bedarf der Eisen- und Stahlindustrie abhängen. Bei der Eisenbahn wird die Elektrifizierung energisch betrieben.

In der Stromerzeugung werden die gegenwärtig zu 70% genutzten Wasserkraftreserven bald ganz ausgewertet sein. Die hydroelektrische Energie war 1959 mit 38,4 Mrd. kWh bei einer Gesamterzeugung von 49,4 Mrd. kWh beteiligt. Künftig werden die Investitionen für den Neubau von Wärmekraftanlagen angewandt werden, unter Verwendung der schwefelhaltigen Kohle von Sardinien und auf der Basis von Braunkohle in Süditalien. Auch Erdöl soll für Wärmekraftwerke herangezogen werden, z. B. auf Sizilien.

Noch stärker als bei der Stromerzeugung wird das Erdöl Einfluß als Heizmaterial gewinnen. Von der gesamten italienischen Raffinerieproduktion von 24,7 Mill. t 1959 waren

13,7 Mill. t Heizöl, von denen 3,8 Mill. t exportiert wurden. 1960 nahm der Anfall von Heizöl nochmals um 18% zu, der von Benzin um 21%. Bis 1965 wird geschätzt, daß der Benzinverbrauch gegenüber 1959 (2,1 Mill. t) um 105% und der von Heizöl um 114% steigen wird. Das bedeutet eine Steigerung des Heizölanteils von 58 auf 61%.

Bei Zugrundelegung des erweiterten Heizölverbrauchs wird 1961 ein Durchsatz von 25,7 Mill. t und 1965 von 37 Mill. t erforderlich, wobei allerdings 1960 3,4 Mill. t und 1965 5,2 Mill. t Destillierprodukte keinen Absatz im Inland finden können. Trotz der zu erwartenden Schwierigkeiten haben die italienischen Raffinerien umfangreiche Erweiterungspläne aufgestellt. Man rechnet, daß die gegenwärtig etwa 30 Mill. t betragende Raffineriekapazität in drei oder vier Jahren an 40 Mill. t heranreichen wird. Le.

Erdöl/Erdgas

Erdölförderung 1950–1959 in Mill. t

(nach „Die Wirtschaft" Nr. 49 vom 7. 12. 60)

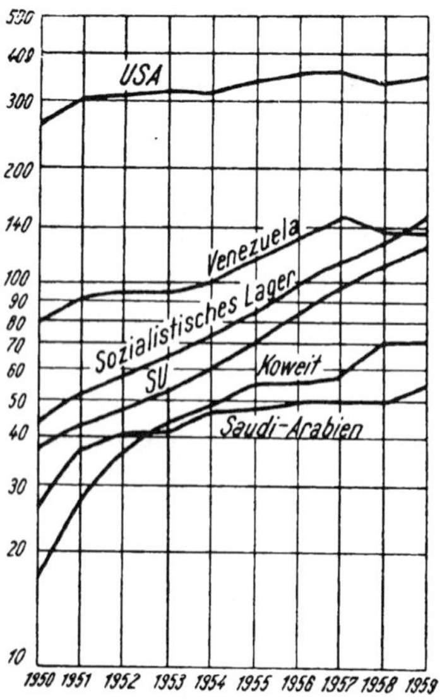

Erdölchemie

In Leipzig fand im Herbst 1960 die Hauptjahrestagung der Chemischen Gesellschaft der DDR statt. Im Verlauf der Tagung standen die Aufgaben der Chemie im Siebenjahrplan der DDR im Mittelpunkt. In der „Berliner Zeitung" vom 7. 2. 1961 wird hierüber mitgeteilt:

„Unser bisher wichtigster Energie- und Rohstoffträger, die Braunkohle, besitzt weiterhin große Bedeutung. Die Produktion von Calciumcarbid aus Kalk und Kohle wird auf 1,2 Mill. t im Jahre 1965 weiter steigen. Das daraus durch Zugabe von Wasser hergestellte Azetylen bleibt ein Schlüsselprodukt für die Herstellung von Kunststoffen.

Jedoch erhält das Erdöl einen immer größer werdenden Anteil am Rohstoffhaushalt unserer chemischen Industrie. So werden in den Leuna-Werken schon seit 1959 keine Treibstoffe mehr nach der Methode der Hydrierung von Braunkohle, sondern nur noch durch Verarbeitung von Erdöl gewonnen. Die Einfuhr von Erdöl soll bis 1965 auf jährlich fünf Mill. t steigen, vor allem durch die im Bau befindliche Erdölleitung aus der Sowjetunion. Auf dieser Grundlage wird die Treibstoffproduktion 4,2 Mill. t im Jahre 1965 erreichen.

Aber nicht nur die Treibstoffe, sondern auch die Kunststoffe und synthetischen Fasern werden zu einem großen Teil aus Rohstoffen erzeugt werden, die im Erdöl enthalten sind. Besonders erwähnt sei hier die geplante Herstellung von 50000 t Polyäthylen im Jahre 1965.

Deshalb steht vor der chemischen Forschung in der DDR unter anderem die Aufgabe, die Kenntnis der chemischen Bestandteile des Erdöls, ihrer Eigenschaften und der Möglichkeit ihrer Trennung weiterzuentwickeln. Die im Verlauf der Tagung gehaltenen Vorträge befaßten sich überwiegend mit dieser Problematik." E.

Schnelles Ansteigen der sowjetischen Erdgasförderung

Die in Essen (Ruhr) erscheinende „Brennstoff-Chemie" berichtet im Wirtschaftsteil ihrer Heftes 11/1960, S. 94:

„Die schnelle Ausdehnung der Erdgasförderung ist einer der hervorstechendsten Züge im Wachstum der sowjetischen Wirtschaft. Die bisher nachgewiesenen Vorräte belaufen sich auf etwa 1500 Mrd. m³. Beinahe die Hälfte dieser Vorkommen sind erst 1959 festgestellt worden. Wenn die Ziele des Siebenjahrplanes für die verschiedensten Energieträger erreicht werden, wird sich der Anteil von Erdgas an der wachsenden Energiegewinnung von 5,4% im Jahre 1958 auf 17% im Jahre 1965 mehr als verdreifachen, während der Anteil des Erdöls in der gleichen Zeit von 25,7% auf 32,7% steigen und der Anteil der Kohle von 58,1% auf 41,8% zurückgehen wird. Der Ausbau des Leitungsnetzes für Erdgas macht schnelle Fortschritte. In der Zeit von 1959 bis 1965 ist die Verlegung von rund 26000 km neuer Erdgas-Pipelines vorgesehen. Hiervon sind bis Mitte 1960 bereits 5000 km fertiggestellt worden." E.

Selbstversorgung mit Erdöl und Erdgas 1961 in Argentinien

Durch die beträchtliche Steigerung seiner Erdöl- und Erdgasförderung hat Argentinien seine Selbstversorgung auf diesen Gebieten nahezu erreicht, wie aus einer Erklärung des Staatspräsidenten, Dr. FRONDIZI, hervorgeht. Danach sollten bereits in den ersten Monaten 1961 Inlandsüberschüsse an Benzin und Heizöl zum Export verfügbar sein.

In den ersten zehn Monaten des Jahres 1960 stieg die Erdölförderung des Landes auf ca. 8 Mill. m³, war also 37,3% höher als für den gleichen Zeitraum des Vorjahrs. Den größten Anteil an dieser Steigerung hatten die Erdölfelder in der Provinz Salta in Nordargentinien.

In den ersten zehn Monaten 1960 betrug die Einfuhr an Erdöl nur noch 1,48 Mill. m³, an Erdölderivaten 0,57 Mill. m³ und war damit um 30,4% bzw. 24,3% niedriger als im gleichen Zeitraum 1959. He.

Kanada als Erdgasproduzent

Nach „The Canadian Bank of Commerce", Nr. 10, Okt. 1960, wird das kanadische Erdgas immer mehr zur Energiequelle für weite Gebiete von Nordamerika. Seit 1947 sind die nachgewiesenen Erdgasvorräte Kanadas von 0,12 auf nahezu 0,87 Billionen m³ angewachsen. Die Produktion stieg in derselben Zeit von etwa 4,35 Mill. auf über 38 Mill. m³ täglich. Die Stadt Alberta, in der man 1883 bei der Bohrung von Wasser auf Erdgas stieß, wurde 1904 zur ersten mit Erdgas versorgten Stadt des Westens. Das Viking-Feld südöstlich von Edmonton, das seit 1923 diese Stadt versorgt, ist immer noch eine der Hauptenergiequellen dieses Gebiets. Auf das wahrscheinliche Vorkommen gewaltiger Öl- und Gasakkumulationen auf den arktischen Inseln ist man in den letzten Jahren aufmerksam geworden. Schätzungen sind hier jedoch noch nicht möglich. In Britisch-Kolumbien, wo im vergangenen Jahr im Bereich des Petitot-Flusses und des Celibeta-Sees Gas entdeckt wurde, werden die Vorräte auf 0,058 bis 0,073 Billionen m³ geschätzt, wobei die jüngsten Entdeckungen und die bei weiterer Entwicklung zu erwartenden höheren Schätzungen noch nicht berücksichtigt sind. In der Provinz Alberta werden die neuentdeckten Vorräte auf 0,174 bis 0,203 Mrd. m³ für jede der Aufschlußbohrungen geschätzt. In den letzten neun Jahren, in denen 346 bis 469 Bohrungen pro Jahr niedergebracht wurden, hat sich im Durchschnitt eine Zunahme an erwiesenen Vorräten von 0,084 Billionen m³ pro Jahr ergeben. Die in Kanada und den Vereinigten Staaten gegenwärtig vorhandenen Märkte werden in den kommenden Jahren als ziemlich klein erscheinen. Ha.

Druckvergasung Dorsten

Der „Deutschen Zeitung und Wirtschaftszeitung", Nr. 269 vom 19.11.1960, S. 15, ist zu entnehmen, „daß die in Dorsten von der Ruhrgas AG betriebene Druckvergasung (die restlose Vergasung von Steinkohle ohne den bei der heutigen Marktlage oft lästigen Koksanfall) ein Kind der Not war, das bei richtiger Kenntnis von den in heimischen Lagerstätten anstehenden Erdgasmengen vermutlich gar nicht das Licht der Welt erblickt hätte. Denn für die heutigen deutschen Verhältnisse hat sich das Verfahren bisher als unrentabel herausgestellt. Auch die Besserung der Rentabilität durch die in Dorsten jetzt in Kombination mit der Druckvergasung betriebene Erdgasspaltanlage, die Erdgas auf den halb so großen Heizwert des Kokereigases herabsetzt, darf schwerlich als solide Dauerlösung gewertet werden. Früher oder später wird das Erdgas sicherlich ohne die kostspielige Spaltung in direkter Mischung mit dem Kokerei- und Ortsgas fast überall in der deutschen Gaswirtschaft eingesetzt werden, da die Verbrauchergeräte ohne Umstellungsinvestitionen statt der heute üblichen 4500 auch bis zu 6000 WE verdauen können." E.

Erdgaskraftwerk bei Moskau

Das größte mit Erdgas betriebene Wärmekraftwerk der Welt mit einer Leistung von 2800 MW entsteht in der Nähe von Moskau. Die Leistung des Kraftwerks Konakowo wird dreimal so groß sein wie die aller Elektrizitätswerke des zaristischen Rußlands im Jahre 1913 zusammen. Durch weitgehende Industrialisierung des Kraftwerkbaus sollen schon 26 Monate nach Baubeginn die ersten Aggregate in Betrieb gesetzt werden. E.

Erze

Roheisenerzeugung der USA 1960

Die Roheisenerzeugung der USA betrug für das Jahr 1960 67,3 Mill. short tons gegenüber 60,8 Mill. short tons im Vorjahre. Die Edelstahlerzeugung dagegen dürfte nach einer vorläufigen Schätzung des US-Eisen- und Stahlinstituts von 1,1 Mill. short tons im Jahre 1960 auf 1,03 Mill. short tons im Jahre 1959 zurückgegangen sein.

Die Produktion von Ferrolegierungen zeigt mit 7,9 Mill. short tons 1960 gegenüber 7,8 Mill. short tons nur einen geringen Zuwachs. He.

Chromeisenerz in Iran

1951 wurde der Chromeisenerzbergbau in Iran wieder aufgenommen. Infolge des wachsenden Weltmarktbedarfs stieg die Produktion von 20000 t 1952/53 auf 50000 t Erz in den Jahren 1957/58. Die Vorkommen sollen um ein Vielfaches größer sein als die festgestellten Reserven von 250000 t. Die Förderung wird jetzt von zwei von der Regierung gegründeten Gesellschaften betrieben, an denen eine britische Firma und iranisches Privatkapital beteiligt sind. Die gesamte Produktion geht ins Ausland. Hauptabnehmer waren bisher Frankreich, Italien, Westdeutschland, die Niederlande und und die Schweiz. Die Hauptfördergebiete liegen bei Esfandaqueh-Dowlatatad und bei Forumad. Der Wert je t Chromeisenerz stieg in dem obengenannten Zeitraum von 18,0 $ auf 22,66 $. Die Vorkommen bei Forumad an der Eisenbahnlinie von Teheran nach Meschhed gehören zum nordiranischen Chromerzgürtel, der sich von Attasabad nach Sabzewa hinzieht. Die Lager werden meist im Tagebau abgebaut. Fast ein Drittel der Gesamtförderung besteht aus Erz erster Güte, das mehr als 50% Chromoxyd und Chrom und Eisen im Verhältnis 3,25 : 1 enthält. Das Vorkommen von Adtrasht, das die größte Produktion aufweist, hat einen Gehalt von 48 bis 53% Cr_2O_3. Der Erzkörper ist 230 m lang und 2 bis 6 m mächtig. Die Jahresförderung beträgt 13000 t. Ha.

Erhöhung der chilenischen Kupferproduktion

Ende Mai 1960 teilte der chilenische Staatspräsident mit, daß in Kürze im Zentrum des Kupfererzbergbaus die Förderung wesentlich erhöht und eine neue Raffinerie bei Chanaral im Norden des Landes gebaut werde. Die Kupfererzlagerstätten von Rio Blanca sollten in verstärktem Ausmaß abgebaut werden. Chile hatte 1958 nach Angaben der Metallgesellschaft Frankfurt (Main) mit einem Cu-Inhalt von 465700 t einen 15,7%igen Anteil an der Erzförderung der westlichen Welt. Sein Anteil an der Rohkupfergewinnung betrug 439300 t (= 15,2%) und an der Raffinadekupfererzeugung 187900 t (= 5,5%). 1958 entfielen von der Rohkupfereinfuhr Westdeutschlands in Höhe von 103518 t 35% auf chilenisches Kupfer. E.

Der Zinnbergbau in Thailand

In der Herstellung von Zinnkonzentraten steht Thailand an siebenter Stelle. Zinn, zu den wichtigsten Ausfuhrwaren des Landes gehörend, steht wertmäßig hinter Reis und Kautschuk an dritter Stelle. Vorwiegend liegen die thailändischen Zinnvorkommen in Aluvialablagerungen zwischen dem 10. Breitengrad und der thailändisch-malaiischen Grenze.

Die Förderung von Zinnkonzentraten erreichte 1940 mit mehr als 17000 t ihren Höchststand und hielt sich bis 1956 auf 12000 bis 13000 t jährlich. Durch die Ende 1957 eingeführten Exportkontrollen ging die Förderung 1958 auf 7700 t zurück, erreichte aber infolge Lockerung der Ausfuhrbeschränkungen bereits Ende 1959 wieder einen Förderstand von 8500 t.

Obwohl viele Vorkommen kurz vor ihrer Erschöpfung stehen, erfolgen nur geringe Aufschlußarbeiten.

Dressel

Kanadas Uranproduktion

Die kanadische Uranproduktion, die, wie auch der „Industriekurier" vom 28. 1. 61 hervorhebt, während des Korea-Krieges in einer an den einstigen Alaskagoldrausch erinnernden Weise forciert wurde, betrug 1960 nur noch 25 Mill. lbs gegen fast 32 Mill. lbs im Jahre 1959. Dies erklärt sich dadurch, daß die Vereinigten Staaten eine Verlängerung ihrer mit den Uran produzierenden kanadischen Gesellschaften abgeschlossenen Verträge, die 1962 bzw. 1963 ablaufen, ablehnen, da sie inzwischen ihre eigenen Produktionsquellen genügend entwickelt haben. Für Kanada, in dessen Metallproduktion das Uran noch 1959 bei weitem an erster Stelle lag, bedeutet das einen schweren wirtschaftlichen Rückschlag. Die Bemühungen um neue Absatzmärkte blieben, abgesehen von einem Vertrag über geringe Mengen mit Großbritannien, ohne Erfolg. Ha.

Sonstiges

Kali- und Bromgewinnung in Israel

Nach Mitteilungen des Generaldirektors der Kaliwerke am Toten Meer soll die Produktion so erhöht werden, daß 1964 bereits 540000 t Kalisalze gegenüber 140000 t 1959 gewonnen werden können. Die Bromproduktion, die Ende 1959 bei 5000 jato lag, wird bereits 1961 auf 10000 jato erhöht werden. Innerhalb von wenigen Jahren wird Israel der größte Bromproduzent der Welt werden. Außerdem ist geplant, bald die Magnesitgewinnung in Höhe von 75000 jato aufzunehmen. E.

Erzlaugung

Britische Wissenschaftler haben erfolgreiche Versuche durchgeführt, aus Erzen mit niedrigen Metallgehalten durch Laugung die Metalle in reiner Form zu gewinnen. Zur Extraktion werden Naphthensäuren benutzt. Die erfolgreichen Versuche erstreckten sich auf die Gewinnung von Kupfer, Nickel, Kobalt, Zink und Mangan. Die Naphthensäuren wurden auch zur Aufbereitung der flüssigen Laugen benutzt, da man herausgefunden hat, daß die Reaktion auf diese Säuren bei verschiedenen Metallen je nach dem unterschiedlichen Säuregrad verschieden ist. Durch die Behandlung mit zwei unterschiedlichen Säurearten soll es z. B. möglich sein, Nickel von Kupfer zu trennen. E.

Aussonderung von Diamanten mit Hilfe radioaktiver Isotope

Im Moskauer wissenschaftlichen Forschungsinstitut für geologische Schürfungen wurde ein neues Gerät zur Aussonderung von Diamanten aus dem geförderten und bereits zerkleinerten Gestein entwickelt. Es arbeitet mit radioaktiven Isotopen, die in einer Kapsel in einem Bleischutzbehälter untergebracht sind, und gewährt bedeutende Erleichterungen gegenüber den bisherigen Geräten, die zum Auffinden der vor allem für Industriezwecke wertvollen Diamanten Röntgenstrahlen benutzen. He.

ČSSR baut neues Hüttenwerk

Eine der wichtigsten Aufgaben im 3. Fünfjahrplan der ČSSR ist die Errichtung eines großen Hüttenkombinates in Kosice in der Ostslowakei. Nach dem ersten Spatenstich am 4. Januar 1960 begann der Bau des Werkes. 1965 soll die erste Aufbaustufe vollendet sein, der zwei weitere Bauetappen (1970, 1975) folgen werden. Die Pläne für das Kombinat wurden in der Sowjetunion entworfen. Nach seiner Fertigstellung wird das Werk in Kosice eines der zehn größten der Welt sein. Die Baukosten des Kombinates wurden mit 10,5 Mrd. Kronen veranschlagt.

Für das Jahr 1961 wurden für den Ausbau und die Modernisierung der Eisenhüttenindustrie 5,4 Mrd. Kronen vorgesehen. Der größte Teil davon ist für das Hüttenwerk in Kosice vorgesehen.

Nach der ersten Bauetappe im Jahre 1965 wird das neue Kombinat eine Jahresproduktion von 3,8 Mill. t Rohstahl und 2,4 Mill. t Walzware, davon 2 Mill. t Dünnbleche, erreichen. He.

Kohlentransportleitung in Cleveland (USA)

1957 wurde die 172 km lange hydraulische Kohlentransportleitung von dem Kohlenrevier Georgetown nach dem Kraftwerk von Cleveland in Betrieb genommen. Sie hat seitdem reibungslos gearbeitet. Ihre Frachtkosten liegen unter denen des Eisenbahntransports. Der Durchmesser der Leitung liegt bei 27 cm, ihre Wandstärke zwischen 1 und 2 cm. Die Leitung ist 1,2 m tief verlegt. 3700 t werden täglich als Schlamm, der 50% Wasser enthält, durch sie gepreßt. Vor der Verfeuerung wird der Kohlenschlamm auf 8% Wassergehalt entwässert. 80% der Feuerkohlen des Kraftwerkes, das jährlich etwa 7 Mrd. kWh erzeugt, werden durch diese Rohrleitung transportiert. E.

Kupferverhüttung mit Sauerstoff

In den USA beginnt man, ähnlich wie bei der Roheisen- und Stahlindustrie, auch bei der Kupferverhüttung Sauerstoff zu verwenden. Durch das Sauerstoffgebläse soll der Schwefel aus der Schmelze beseitigt werden. Gleichzeitig sollen in den Schmelzöfen durch das Einblasen von Sauerstoff die erforderlichen Temperaturen in kürzerer Zeit als bisher erreicht werden. E.

Bohrinseln in der Ostsee

Nach Ansichten von Fachleuten ist Schleswig-Holstein auf dem besten Wege, das Erdölland Westdeutschlands zu werden. Im Jahre 1961 wird mit einer Förderung von 420000 t gerechnet, die 1963 auf über 500000 t steigen soll. Dabei sollen Bohrinseln, wie sie bisher im Persischen Golf und vor der Küste von Venezuela auf ,,Bohrstation" liegen, in der Eckernförder Bucht stationiert werden. Seismographische Probesprengungen haben nämlich ergeben, daß sich die mächtigen Salzstöcke, die an ihren Flanken die Erdölfelder tragen, in bis zu 4000 m Tiefe unter dem Ostseespiegel ins Meer hinaus erstrecken. He.

Süßwasser unter der algerischen Wüste

Die UNESCO hat ein großes Forschungsprogramm für aride Gebiete der Erdoberfläche vorgeschlagen. Als Begründung für die Wichtigkeit dieser Aufgabe wurde festgestellt: Die Ozeane beherrschen die Weltkarte, kaum $^1/_4$ der Erdoberfläche ist Land, von dem nur $^1/_{10}$, etwa 1,5 Mrd. ha, kultiviert ist. Dem kultivierten Land stehen Wüsten und Halbwüsten gegenüber, die mehr als $^1/_3$ der Erdoberfläche einnehmen. In diesen Gebieten fallen nicht mehr als 250 mm Regen pro Jahr. Daher ist die Wasserbeschaffung das große Problem für alle Wüsten und Steppen. Mehr als 50 Länder haben solche Zonen. Archäologische Funde beweisen, daß viele wüste Gebiete erst entstanden, seitdem der Mensch Feuchtigkeit spendende Wälder rodete, in der Trockenzeit gewaltige Grasbrände in den Steppengebieten erzeugte und durch Tierhaltung, vor allem durch Ziegenherden, das Aufkommen neuer Bestockung verhinderte.

Geologen, Geophysiker und Geomorphologen arbeiten zusammen mit Landwirtschaftssachverständigen und Forstleuten daran, in der nördlichen Sahara geeignete Siedlungsgebiete zu erkunden. Es ist in den letzten Jahren festgestellt worden, daß sich von den Südabhängen des Atlasgebirges bis zu den Nordhängen der in der Zentralsahara auftretenden Gebirge (Tademait, Adscher, Ahagger) ein großer Speicher von ca. 600000 km² Ausdehnung und z. T. bis zu 1000 m Tiefenlage hinzieht. Seine noch nicht völlig erkundeten Süßwasservorräte betragen ca. 60000 Mrd. m³. Bisher haben die wenigen Bohrlöcher, die man tief genug abteufte, zahlreiche Oasen entstehen lassen. Wenn es gelingt, diese riesigen Wassermassen zu erschließen, könnten große Teile des heute wüsten Gebietes der Nordsahara, die sich innerhalb des algerischen Territoriums erstrecken, fruchtbar und damit bewohnbar gemacht werden. E.

Arbeitsgemeinschaft Zertrümmerung fester Gesteine

Mit Sitz beim VEB Talsperrenbau und Wasserkraftanlagen, Weimar, hat sich eine sozialistische Arbeitsgemeinschaft gebildet, die sich mit der Lösung des Problems der Zertrümmerung fester Gesteine ohne Anwendung der bisherigen Sprengmethoden beschäftigt. Der Arbeitsgemeinschaft gehören u. a. Mitarbeiter des Steinkohlen- und Erzbergbaus, des Montagebaus und einiger Forschungs- und Projektierungsinstitute an. Im Mittelpunkt der bisherigen Überlegungen standen die Methoden der Gesteinszertrümmerung durch elektromagnetische und elektrohydraulische Verfahren. Möglichkeiten des hydrotechnischen Einsatzes im Bergbau und im Bauwesen wurden erörtert. E.

Kurznachrichten

Für die große **Fünf-Länder-Pipeline**, die ab 1963 billiges Erdöl aus der UdSSR nach Ungarn, Polen, der ČSSR und der DDR befördern wird, wurde eine automatische **Pumpstation** fertiggestellt, die stündlich 4000 m³ Öl über 200 km transportieren kann.

Die Förderung der **westdeutschen Erdölfelder** betrug 1960 mit 5529462 t rund 427000 t mehr als 1959. An dieser Steigerung sind in erster Linie die Ölprovinzen Weser/Ems mit 188000 t und Hannover mit 133000 t Mehrlieferung beteiligt.

Eine Bohrung auf **Erdgas** der Deutschen Schachtbau- und Tiefbohrgesellschaft bei **Opfenbach** im Landkreis Lindau ist bei 4510 m Tiefe fündig geworden. In diesem Jahre beginnen die Testversuche, ob die dort vorhandene Erdgasmenge die Ausbeutung lohnt.

Eine in der Nähe von Göding (Hodonin) in **Südmähren** projektierte **Ölbohrung**, für die die technische Ausrüstung von der Sowjetunion geliefert wurde, soll eine Tiefe von 4000 m erreichen.

Ein neues bedeutendes **Erdölfeld** hat die Sirip (Société Irano—Italienne des Pétroles) Ende 1960 bei Versuchsbohrungen im **Persischen Golf** entdeckt. Sie stieß in einer Teufe von 1400 m auf Öl. In ca. 2400 m Teufe wurde eine weitere ölhaltige Schicht aufgefunden.

Im Osten **Indiens** wurde mit dem Bau einer 720 Meilen langen **Pipeline** begonnen. Sie soll das Rohöl von den Ölfeldern im Staate Assam nach zwei Raffinerien transportieren, von denen die eine mit rumänischer Hilfe in Nunmati in Assam, die andere in Barauni im Staate Bihar mit sowjetischer Hilfe errichtet werden wird.

In der **Westsahara** ist die Bohrung Tin Fouye I, 80 km westlich von Fort Flatters, in 1300 m Teufe ölfündig geworden. Testversuche ergaben zwischen 4,5 bis 13 m³ Öl pro Stunde. Die Vorräte werden auf 10 Mill. t geschätzt.

Im Matra-Gebirge (**Nordungarn**) wurde ein **Braunkohlenvorkommen** von über 1 Mrd. t entdeckt, wovon ein Zehntel im Tagebau gewonnen werden kann.

Die **Kohlevorkommen Jugoslawiens**, 1939 noch auf nur 5 Mrd. t geschätzt, belaufen sich nach den jüngsten Untersuchungen auf rund 22 Mrd. t, davon 9% Braunkohle, 90% Lignitkohle und 1% Steinkohle.

Die **schwedischen Eisenerzexporte** stiegen 1960 gegenüber 1959 um 4,4 Mill. t und erreichten mit 20 Mill. t einen neuen Höchststand. Ein weiterer Anstieg wird erwartet.

Österreich übertraf in der **Rohstahl**erzeugung im Jahre 1960 mit 461 kg pro Kopf der Bevölkerung Schweden mit 432 kg pro Kopf der Bevölkerung.

Das neue **Großkraftwerk** Adamow bei Katowice, das dritte **Polens,** mit dessen Bau begonnen wurde, wird mit 4,2 Mill. t Braunkohle jährlich 3,5 Mrd. kWh Strom erzeugen.

Bei La Cheffia in **Algerien** ist seit Ende 1960 ein großer **Staudamm** im Bau. Das Staubecken soll mit 115 Mill. m³ jährlichem Abfluß den Wasserbedarf des neuangelegten Industriekomplexes von Bone decken und auch die Landwirtschaft des Gebiets mit Wasser versorgen.

Die Auskleidung eines seit zwei Jahren das Wüstengebiet von Usbekistan durchziehenden Kanals mit einer **Kunststofffolie** aus Polyäthylen, PVC und Polyamid, die das Versickern des Wassers verhindert, hat sich gut bewährt.

In den nächsten Heften

der

Zeitschrift für angewandte Geologie

erscheinen u. a. folgende Beiträge:

E. DITTRICH & H.-J. PAECH: Ingenieurgeologische Probleme beim Bau des Pumpspeicherkraftwerkes Hohenwarthe II (Amalienhöhe)
M. KURZE: Die Eislebener Schichten und das Weißliegende im Nordteil der Sangerhäuser Mulde
G. ADLER & W. HORST: Geologisch-geoelektrische Kartierungen für das Pumpspeicherbecken Wendefurth (Harz)
E. BEIN: Ergebnisse von Drehwaagemessungen an der Mitteldeutschen Hauptlinie (Abbruch von Wittenberg)
M. LEHMANN: Die erdmagnetische Regionalvermessung des Granulitgebirges und des Frankenberger Zwischengebirges
H. UNGETHÜM: Bestimmung des Zirkoniums in rezenten Seifen, Kaolinen, Schwermineralkonzentraten und anderen natürlichen Rohstoffen
K. TRÖGER: Wasserbohrungen an der Nossener Brücke in Dresden A
H. HÄHNICHEN & R. POLENZ: Ingenieurgeologische Kartierungen bei Talsperrengründungen in Felsgesteinen
C. M. ABDULLAJEW: Die petrometallogenen Reihen magmatischer Gesteine und die endogene Erzbildung
Die neue sowjetische Vorratsklassifikation fester mineralischer Rohstoffe

Herausgeber: Staatliche Geologische Kommission und Zentrale Vorratskommission für mineralische Rohstoffe der Deutschen Demokratischen Republik. Chefredakteur: Prof. Dr. Erich Lange, Berlin. Redaktion: Berlin N 4, Invalidenstraße 44. Verlag: Akademie-Verlag GmbH, Berlin W 8, Leipziger Straße 3–4 (Fernsprecher 220441, Telex 011773, Postscheckkonto: Berlin 35021). Bestellnummer des Heftes 1047/7/7. Die „Zeitschrift für angewandte Geologie" erscheint monatlich. Bezugspreis 2,– DM je Heft. – Satz und Druck: Druckhaus „Maxim Gorki", Altenburg. Veröffentlicht unter der Lizenznummer ZLN 5008 des Ministeriums für Kultur. Karten: MdI der DDR Nr. 6459, 6561/K 11.

GEOLOGIE

Zeitschrift für das Gesamtgebiet der Geologie und Mineralogie sowie der angewandten Geophysik

Herausgegeben von der Staatlichen Geologischen Kommission
der Deutschen Demokratischen Republik

Wie aus dem Untertitel der Zeitschrift hervorgeht, werden Originalarbeiten aus dem Fachgebiet der Geologie, Mineralogie, Petrographie, Lagerstättenkunde, Paläontologie, angewandten Geophysik, Geochemie und Hydrogeologie veröffentlicht. Neben den Originalaufsätzen, die den Hauptteil der Hefte bilden, erscheinen Berichte über wissenschaftliche Tagungen, Referate und Buchbesprechungen. Ab Heft 1 des Jahrganges 1961 werden die Originalbeiträge mit fremdsprachigen Zusammenfassungen veröffentlicht.

Dem Redaktionskollegium gehören an: Prof. Dr. W. Buchheim, Freiberg; Prof. Dr. K. v. Bülow, Rostock; Dr. habil. R. Daber, Berlin; Prof. Dr. F. Deubel, Jena; Prof. Dr. E. Kautzsch, Berlin; Prof. Dr. H. Kölbel, Berlin; Prof. Dr. R. Lauterbach, Leipzig; Prof. Dr. O. Oelsner, Freiberg. Die Chefredaktion liegt in Händen von Prof. Dr. K. Pietzsch, Freiberg.

Anfang September findet in Warschau der VI. Internationale Kongreß der INQUA statt. Aus diesem Anlaß erscheint die GEOLOGIE als Doppelheft mit überwiegend quartärgeologischen Aufsätzen. Dieses Heft 4/5 enthält u. a. folgende Beiträge:

H.-L. Heck	Glaziale und glaziäre Zyklen
O. Gehl	Neue Ergebnisse über das marine Eem und zur Gliederung des Jungpleistozäns in NW-Mecklenburg
A. Ludwig	Beitrag zur Stratigraphie des Pleistozäns an der deutschen Ostseeküste
M. Hannemann	Neue Beobachtungen zur Entstehung und Entwicklung des Berliner Urstromtals zwischen Fürstenwalde (Spree) und Fürstenberg (Oder)
H. Lembke	Glazial, Periglazial und die eiszeitliche Schneegrenze im Harz
L. Eissmann	Zur Gliederung des Mindelglazials Sachsens und des angrenzenden Gebietes westlich der Elbe
H. Bramer	Bemerkungen zum Problem der Aufpressungs-Oser
H.-D. Kahlke	Revision der Säugetierfaunen der klassischen deutschen Pleistozän-Fundstellen von Süßenborn, Mosbach und Taubach
K. Diebel	Ostracoden des Paludinenbank-Interglazials von Syrniki am Wieprz (Polen)
G. Behm-Blancke	Das Paläolithikum in Thüringen

Die Zeitschrift GEOLOGIE erscheint achtmal im Jahr. Der Preis beträgt bei einem Format von 17 × 24 cm je Heft DM 4,—, Doppelheft DM 8,—

Bestellungen durch eine Buchhandlung erbeten

A K A D E M I E - V E R L A G · B E R L I N

Beihefte zur Zeitschrift GEOLOGIE

Heft 18: Dr. Ewald v. Hoyningen-Huene
Die Texturen der subsalinaren Anhydrite im Harzvorland und ihre stratigraphische und fazielle Bedeutung
1957. 47 Seiten — 5 Abbildungen — 9 Tafeln — 17 × 24 cm — DM 6,50

Heft 19: Dr. Rudolf Daber
Parallelisierung der Flöze des Zwickauer und des Lugau-Oelsnitzer Steinkohlenreviers auf Grund paläobotanischer Untersuchungen
1957. 64 Seiten — 11 Abbildungen — 5 Bildtafeln — 2 Einschlagtafeln — 17 × 24 cm — DM 9,80

Heft 20: Dr. Ulrich Jux & Dr. Hans D. Pflug
Über Aufbau und Altersgliederung des Rheinischen Braunkohlenbeckens
1958. 48 Seiten — 11 Abbildungen — 17 × 24 cm — DM 8,20

Heft 21/22: Dr. Wilfried Krutzsch
Mikropaläontologische (sporenpaläontologische) Untersuchungen in der Braunkohle des Geiseltales
1959. 425 Seiten — 38 Abbildungen — 12 Tabellen — 49 Bildtafeln — 17 × 24 cm — DM 53,—

Heft 23: Dr. Hans Hetzer
Feinstratigraphie, Sedimentationsverhältnisse und Paläogeographie des höheren Ordoviciums am Südostrand des Schwarzburger Sattels
1958. 96 Seiten — 10 Abbildungen — 11 Tafeln — 17 × 24 cm — DM 9,80

Heft 24: Dr. Wolfgang Jung
Zur Feinstratigraphie der Werraanhydrite (Zechstein 1) im Bereich der Sangerhäuser und Mansfelder Mulde
1958. 88 Seiten — 10 Abbildungen — 13 Tafeln 17 × 24 cm — DM 9,80

Heft 25: Prof. Dr. Erhahrd Voigt
Revision der von F. v. Hagenow 1839—1850 aus der Schreibkreide von Rügen veröffentlichten Bryozoen
1959. 80 Seiten — 7 Abbildungen — 10 Bildtafeln — 17 × 24 cm — DM 9,—

Heft 26: Dr. Rudolf Daber
Die Mittel-Visé-Flora der Tiefbohrungen von Doberlug-Kirchhain
1959. 83 Seiten — 29 Abbildungen — 17 Bildtafeln — 17 × 24 cm — DM 10,50

Heft 27: Dr. Rudolf Meinhold
Der geologische Bau und die Erdöl- und Erdgasführung der Deutschen Demokratischen Republik und der angrenzenden Gebiete des Norddeutschen Flachlandes
1960. 66 Seiten — 26 Abbildungen — 17 × 24 cm — DM 7,—

Heft 28: Dr. Ulrich Jux
Zur Geologie des Vopnafjord-Gebietes in Nordost-Island
1960. 58 Seiten — 14 Abbildungen — 7 Bildtafeln — farbige Einschlagkarte — 17 × 24 cm — DM 7,50

Heft 30: Dr. Thomas Kaemmel
Geologie, Petrographie und Geochemie der Zinnlagerstätte Tannenberg (Vogtland)
1961. 105 Seiten — 58 Abbildungen — 17 × 24 cm — DM 12,50

In Vorbereitung befinden sich folgende Beihefte:

Dr. Horst Brunner
Eisrandlagen und Vereisungsgrenzen im Hohen Fläming

Autorenkollektiv
Sporenpaläontologischer Sammelband

Dr. M. Barthel
Epidermisuntersuchungen an einigen inkohlten Pteridospermenblättern des Oberkarbons und Perms

Dr. Manfred Reichstein
Die Stratigraphie der Hercynkalke bei Günthersberge im Unterharz und das Problem der Hercynkalkentstehung

Bestellungen durch eine Buchhandlung erbeten

A K A D E M I E - V E R L A G · B E R L I N

FSC
www.fsc.org
MIX
Papier | Fördert gute Waldnutzung
FSC® C083411

Zeitfracht Medien GmbH
Ferdinand-Jühlke-Straße 7
99095 Erfurt, Deutschland
produktsicherheit@kolibri360.de